生态城乡与绿色建筑研究丛书
国家自然科学基金重点项目
湖北省学术著作出版专项资金资助项目
李保峰 主编

Study on the Influence of Urban Construction
Land Expansion on Thermal Environment

城市建设用地扩张
对热环境影响研究

李雪松 著

华中科技大学出版社
http://www.hustp.com
中国·武汉

图书在版编目(CIP)数据

城市建设用地扩张对热环境影响研究/李雪松著.—武汉:华中科技大学出版社,
2018.2

(生态城乡与绿色建筑研究丛书)

ISBN 978-7-5680-3469-2

Ⅰ.①城… Ⅱ.①李… Ⅲ.①城市环境-热环境-研究-中国 Ⅳ.①X321.2

中国版本图书馆 CIP 数据核字(2018)第 009087 号

城市建设用地扩张对热环境影响研究 李雪松 著

Chengshi Jianshe Yongdi Kuozhang Dui Rehuanjing Yingxiang Yanjiu

策划编辑:易彩萍

责任编辑:易彩萍

封面设计:王　娜

责任校对:曾　婷

责任监印:朱　玢

出版发行:华中科技大学出版社(中国·武汉)　　电话:(027)81321913

　　　　　武汉市东湖新技术开发区华工科技园　　邮编:430223

录　　排:华中科技大学惠友文印中心

印　　刷:武汉市金港彩印有限公司

开　　本:710mm×1000mm　1/16

印　　张:11.25

字　　数:179 千字

版　　次:2018 年 2 月第 1 版第 1 次印刷

定　　价:128.00 元

本书得到以下 3 个基金项目支持：

（1）城市形态与城市微气候耦合机理与控制（国家自然科学基金重点项目，项目号：51538004）；

（2）武汉城市圈用地扩展对区域大气环境影响研究（湖北省自然科学基金项目，项目号：2014CFB593）；

（3）基于 WRF 技术的城市土地利用模式与气候环境关系研究——以武汉市为例（湖北工业大学科研启动基金，项目号：BSQD2016037）。

作者简介 | About the Author

李雪松

女,籍贯辽宁,华中科技大学工学博士,湖北工业大学副教授,主要研究方向为生态城市与城市气候研究。发表近十篇国内外学术期刊论文,参与的项目获得两项省优、部优奖。主持省级科研项目两项,参与国家基金项目一项。

前　　言

　　当今世界正在经历着史上最大的城市增长浪潮，截至 2008 年已有 50%以上的人口生活在城镇，这使得城市的环境问题愈益突出。从 20 世纪 80 年代起，中国的城市建设步入了一个迅速发展的时代。随着城市化的迅猛发展、区域结构的深刻变革，以及人口容纳能力、建成区面积的增加，城市的形态、特征、资源、环境、生态状况等发生了突变。城市边缘地带由单一模式向着多元化、复杂化、扩大化趋势发展，城市气候条件和空气质量明显变差，热岛效应更加突出。

　　武汉市是中国夏热冬冷地区中气候特点相当突出的城市，与世界同纬度其他地区相比，城市气候问题尤其尖锐。近 30～40 年来，由于城市的高速发展，城市的空间布局、空间形态及下垫面性质发生了很大的变化。交通负荷越来越重，中心城区及城市边缘区气候条件和环境质量出现明显变差的趋势，这更加剧了建筑的能耗，从而形成了城市大气环境的恶性循环。

　　《城市建设用地扩张对热环境影响研究》一书既是对武汉市快速增长状态下气候问题的研究，也是对缓解与改善环境问题的方式的探索。武汉市被长江、汉水分割为两江三地，城市的东南部为高新技术开发区，是城市土地扩张的首选位置，也是城市夏季主导风向的上风方位。为了使研究更具有针对性，我们选择了城市东南部进行城市用地的扩张，以探究城市热环境的变化。模拟研究以武汉市用地现状、《武汉市城市总体规划（2010—2020年）》《武汉市主城区用地建设强度管理暂行规定》和武汉市多年气象资料为依据，从城市的气候适应性出发，以城市东南部边缘区土地利用特性为研究对象，采用资料收集、城市形态学、勘查与实测、计算机大数据气象模拟、数据整理与比对等研究方法，对武汉市夏季气候的热环境状况进行了深入细致的研究。内容主要包括武汉市夏季气候现状研究、城市东南部边缘区的用地强度变化对城市热环境影响研究、城市东南部用地范围扩张对城市热环境影响研究、城市东南部通风廊道的不同模式设置对城市热环境影响研究等。本书通过一系列量化数据的比对，揭示城市边缘区扩张与城市热环境的内在关系，探索适宜的城市通风廊道设计策略，为低碳、节能、环保的城市建设提供切实可行的科学依据。

本书共八章，大体涵盖了理论依据、案例研究和策略构建及其他相关内容。

第一章主要介绍了城市气候与城市热环境的基本概念，城市气候学的研究动态，城市气候学的研究对象、任务、内容，以及本书的研究内容和框架。第二章主要介绍了城市气候及热环境的影响要素。第三章介绍了本书所研究的案例城市的基本概况及研究所采用的方法与原理。第四章以实测的方法对武汉市的城市热环境现状进行了研究与分析，并以实测结果验证了基于城市冠层模型的中尺度气象模拟方法的可行性。第五章以现状（2014年）用地为基准，针对2020年城市建设用地目标值的增量，探讨用地强度变化对城市热环境影响。第六章以现状（2014年）用地为基准，针对城市建设用地不断向外扩张的现状，对城市热环境的影响进行研究，探索气温、风向、风速、能量平衡等与下垫面属性的内在关系，揭示城市边缘区下垫面属性特征对城市气候的影响机理。第七章设置了城市边缘区通风廊道的多种模式，通过对几种模式的气象模拟，寻找能够改善城市气候的边缘区通风廊道优化模式和优化布局策略。第八章对本书的研究进行了总结，并提出了展望。

目　　录

第一章 绪 论

第一节 城市气候与城市热环境

城市的产生和发展是一个历史的过程,是人类文明发展进程中在适应自然、改造自然的基础上形成的聚集地。城市气候是指大都市特有且与周围郊区有异的各种气候条件,是由城市下垫面以及人类活动的影响而形成的局地气候特征。

所谓城市是"城"与"市"的组合。《吴越春秋》中有言"筑城以卫君,造廓以守民,此城廓之始也",意思是说修筑城堡用来保卫君主,建造城墙用来守护百姓。《周易·系辞下》中有"日中为市,致天下之民,聚天下之货,交易而退,各得其所",其意是指以太阳在天空中央的位置时作为交易的时间,召集区域范围内的百姓,聚集区域内的货物,各自交易、各取所需。现代城市规划学《城市规划基本术语标准》(GB/T 50280—1998)中定义:城市是以非农产业和非农业人口聚集为主要特征的居民点。包括按国家行政建制设立的市和镇。城市的出现是人类走向成熟和文明的标志,也是人类群居生活的高级形式。城市化区域有着非城市化区域不具备的特殊性:第一,它是非农业人口高密度聚居的区域;第二,它是高强度的经济活动地区;第三,它具有特殊性质的下垫面。这些特殊的性质导致了城市气候的特殊性。

气候是大气物理特征的长期平均状态,是该时段各种天气过程的综合表现。气象要素(温度、降水、风力)的各种统计量(均值、极值、概率等)是表述气候的基本依据[1]。地面和大气的热能均源自于太阳辐射,就整个地球来看,地面热量的收支差额为零,但由于太阳辐射在地球表面分布的差异,不

---

[1] http://baike.sogou.com/v58981.htm? fromTitle=气候

同地面所接收的热量存在差异，且地球表面的气候具有纬度分布的特征，故气候有明显的地域性特征。我们将全球气候大致划分为 12 个类型，如表 1-1 所示。

表 1-1　世界气候类型

气候类型	分布区域	气候特点
热带雨林气候	热带	全年高温多雨
热带沙漠气候	热带	全年高温少雨
热带草原气候	热带	全年高温，分干湿两季
热带季风气候	热带	全年高温，分旱雨两季
亚热带季风气候	热带	夏季高温多雨，冬季低温少雨
地中海气候	温带	夏季炎热少雨，冬季温和多雨
温带海洋性气候	温带	冬暖夏凉，年温差小，年降水量季节分布均匀
温带大陆性气候	温带	降水较少，年温差大，冬季严寒，夏季酷热
温带季风气候	温带	夏季高温多雨，冬季寒冷干燥
高原山地气候	山地	从山麓到山顶垂直变化
极地苔原气候	寒带	冬长而冷，夏短而凉
极地冰原气候	寒带	全年严寒

从表 1-1 中可知，全球气候可分为 12 个类型：热带雨林气候、热带沙漠气候、热带草原气候、热带季风气候、亚热带季风气候、地中海气候、温带海洋性气候、温带大陆性气候、温带季风气候、高原山地气候、极地苔原气候和极地冰原气候。我们也可按尺度将气候分为大气候（全球性和大区域的气候——热带雨林气候、地中海气候、极地气候、高原气候等），中气候（较小自然区域的气候——森林气候、城市气候、山地气候以及湖泊气候等），小气候

（贴地气层和小范围特殊地形下的气候，如一个山头或一个谷地等）。气候变化是指气候平均状态统计学意义上的巨大改变或者持续较长一段时间（典型的为 30 年或更长）的气候变动。气候变化不但包括平均值的变化，还包括变率的变化。然而《联合国气候变化框架公约》（UNFCCC）中所说的气候变化是指"经过相当一段时间的观察，在自然气候变化之外由人类活动直接或间接地改变全球大气组成所导致的气候改变"。《联合国气候变化框架公约》指出气候变化主要表现为三方面：全球气候变暖、酸雨、臭氧层破坏。其中全球气候变暖是人类目前最迫切需要解决的问题，关乎人类的未来。气候变化的原因既有自然因素，也有人为因素。在人为因素方面，主要是工业革命以来，人类活动、经济活动引起温室效应增强，从而导致全球气候变暖。全球科学家达成共识，认为气候变化 90% 以上可能是人类自己的责任，人类今日所作的决定和选择，会影响气候变化的走向。

城市气候是在区域气候的背景下，经过城市化后，在人类活动影响下而形成的一种局地气候。在生产力水平低下的农耕时代，城市与自然环境基本保持着和谐共生的状态，城市气候未表现出明显的特殊性。但工业革命后，城市工业的发展速度及扩张的规模促使原有的城市空间结构解体，改变甚至破坏了原本的自然条件。城市下垫面自然条件的改变、人为热的释放以及大气污染，成为城市气候产生变化的根本原因。城市内部的风、光、热等方面的特性都发生了巨大的改变，表现出以下几个特征：城市气温较郊区高；白天湿度低，形成"干岛"，夜晚湿度大，形成"湿岛"；城市下垫面粗糙度大，风速小；气压比郊区低，易形成热岛环流；城市上空烟尘杂质较多，太阳辐射弱；烟尘粒子的作用明显，雾日较多，能见度差；大气中具有较多的凝结核，导致降水增多，降雪变少。奥克（T. R. Oke）对这种有别于近郊区的特殊局域气候进行了生动的描述（见图 1-1）：从地面至城市建筑物屋顶的部分，被称为"城市覆盖层"，其气候变化受人类活动的影响最大。从建筑物屋顶至积云层中部，被称为"城市边界层"，它受城市大气质量和屋顶的热力和动力影响，与城市覆盖层间存在物质交换和能量交换，并受区域气候因子的影响。在城市的下风方向，有受到城市影响的"城市尾羽层"。"城市尾羽层"之下为"乡村边界层"。由奥克的模型我们可以看出，城市气候应以区域气

候为背景,重点关注"城市覆盖层""城市边界层"和"城市尾羽层"的局地气候。

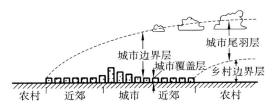

图 1-1　城市分层示意图

城市热环境是指在太阳辐射的作用下,由城市中气温、湿度、气流速度等物理因素构成的影响人们体感与生活健康的环境,是城市气候大框架下的一个枝节,城市热环境的突出特点主要表现为城市热岛。本书主要关注城市覆盖层内的气温变化,风速、风向变化,热岛强度变化,乃至在太阳辐射作用下,城市下垫面衡量得失问题,后文中将对此详细描述。

适宜的气候和城市热环境是城市人们生活、工作的重要条件。20 世纪50 年代,希腊学者道萨迪亚斯就提出了人居环境科学的概念,吴良镛先生率先在国内引入了人居环境科学的理论。如何在现有的全球工业化、信息化大环境下,尽可能地营造适宜人们生存的城市气候环境,是我们科学工作者的使命。城市气候、城市规划工作者应尽力积累大量的观测数据,分析城市气候的特征,研究城市气候形成的过程和机制,研究人类活动与城市气候间的相互影响,预测城市气候的变化趋势,探讨改善城市气候条件的有效途径。总之,城市气候对全球气候的影响将日益突显,城市规划学与城市气候学研究的有机结合,从理论上和实际应用上都将具有重要意义。

第二节　城市气候学的研究动态

发达国家城市发展起步较早,国外学者对城市气候和城市热环境问题的提出和研究开展得也较早。1818 年出版的《伦敦气候》(*The Climate of London*)一书被世界公认为第一部关于城市气候的著作,且其在 1820 年和1833 年陆续得到补充修订、再版,受到普遍的重视。霍华德第一次创立了

"城市雾"一词,提出了一个观点:伦敦城市中心区的气温高于郊区,而且城市比郊区暖的现象在夜间最显著,白天城市气温有时反而比郊区低。后来,英国的拉谢尔(F. A. Russel)、法国科学家瑞纳(E. Renou)、安戈(A. Angot)、德国科学家威特威尔(W. C. Wittwer)、赫尔曼(G. Hellman),也分别对伦敦、巴黎、慕尼黑和柏林等城市进行了研究。到 20 世纪,随着城市的发展,越来越多的城市气候问题暴露出来,人们也越来越关注这方面的研究。德国人克拉策(A. Kratzer)的《城市气候》(The Climate of Cities)一书作为世界上第一部通论性城市气候论著,不单阐述了城市气候的特征和现象,还进一步研究了该现象产生的原因。这部著作在 1956 年再版时引用文献达 533 篇,可见城市气候已引起当时科学家的关注。19 世纪至 20 世纪 40 年代期间,从事该领域研究的主要是英、法、德、奥及北美地区的研究者。

第二次世界大战之后,城市发展的规模与速度进入了一个新的阶段,全球气候变暖和空气污染问题愈渐突出。1968 年,联合国世界气象组织气候学委员会在比利时首都布鲁塞尔召开了第一次国际性的"城市气候和建筑气候学讨论会",呼吁全世界的气候学者广泛开展相关研究。1969—1970年,美国的有关高等学校和研究机构拟定了为期 5 年(1971—1975 年)的 METROMEX 大规模城市气象观测计划(Metropolitan Meteorological Experiment),多项成果在美国《应用气象》(Journal of Applied Meteorology)杂志上发表,这标志着城市气候研究的新发展。由钱德勒(T. J. Chandler)编辑、世界气象组织出版的《城市气候文献目录选编》,其中就选录了 180 篇气候研究成果;奥克评述了 1968—1973 年发表的《城市气候文献目录选编》,在钱德勒之后又搜集了 377 篇论文;1979 年,奥克编辑出版了 1973—1976 年发表的《城市气候文献集》,此文献集比 1973 年又增加了 434 篇论文。1981 年 8 月,汉堡国际气象与大气物理学会(International Association of Meteorology and Atmospheric Physics)第三次科学大会刊印的论文摘要有 765 篇之多,涉及的区域涵盖了欧、美、亚、非各大洲的发达与不发达城市,理论研究的深度与广度也有了很大的提升,采用的技术达到了当时最先进的水平,如人造卫星观测、飞机上的红外辐射仪、激光雷达、摄影经纬仪等。其中奥克的研究最有影响力,他通过对大量观测数据的采集

得出结论：城市热岛形成的根本原因是城市下垫面，后者独特的物理性质造成了其不同于自然下垫面的能量分布。兰兹伯格（H. E. Landsberg）探讨了城市下垫面对辐射和能量平衡的影响，指出城市与郊区能量平衡差异的物理基础导致了城市热岛的形成，即相较于乡村和郊区，城市地区蒸发、冷却能力低，热存储能力高，这显著减弱了夜间的降温速率，导致热岛的形成。书中兰兹伯格还就澳大利亚地区有关城市气候的论著进行了统计，相关论著达 554 篇（部）之多。他认为人们对气候问题如此关注，与世界人口越来越向城市集中、城市气候在人类活动的影响下有恶化的倾向密切相关。20 世纪末期和 21 世纪初期，有关城市气候和热环境的研究，更是以多种方式、从各个方面展开。维克多·奥戈亚（Victor Olgyay）在《设计结合气候：建筑地方主义的生物气候研究》（*Design with Climate：Bioclimatic Approach to Architectural Regionalism*）一书中对自然、气候和城市、景观、建筑之间关系进行了整体研究，提出"生物气候地方主义"的设计理论，注重研究气候、地域和人体生物感觉之间的关系。玛尔塔（J. N. Marta）等人在《通过对街谷热环境进行数值分析，以改善城市设计和气候条件》（*Numerical Analysis of the Street Canyon Thermal Conductance to Improve Urban Design and Climate*）中，以数值模拟的方式研究了空气在街谷中的流动对城市热环境的作用。日本通过实测、数值模拟等方法对将海风、河川风引入城市来改善城市热环境这一措施进行了研究。随着科学技术的进步，各种新的研究方法如雨后春笋，层出不穷。

　　我国城市气候的研究起步较晚，谢克宽将德国学者克拉策的专著 *The Climate of Cities* 译为中文版《城市气候》，这是我国最早介绍城市气候的书。1980 年夏，中国气象学会气候学术会议发布了《关于城市与气候的若干问题》的专题报告，呼吁我国学者积极开展城市气候的研究。1982 年 9 月，中国地理学会召开了我国第一次城市气候学术会议，会议共收到城市气候论文 47 篇，研究地区涉及北京、上海、南京、广州等 23 座城市。内容包括城市气候总特征和城市气候要素，如温度、湿度、光照、降水、大气等。这次会议除交流有关城市气候研究成果外，还对今后开展我国城市气候的研究工作问题进行了讨论。1985 年，周淑贞、张超等人对上海城市热岛现象进行了分析总结,出版了我国第一本专门论述城市气候的著作,这就是《城市气候学导论》。1986 年,周淑贞发表了《开展低纬度城市气候研究刍议》一文,对开展低纬度城市气候研究的必要性和迫切性、中纬度城市气候学规律能否转用于低纬度城市,以及低纬度城市气候与城市规划三个问题,作了一些刍议。1987 年,周淑贞、吴林发表的《上海下垫面温度与城市热岛——气象卫星在城市气候研究中的应用之一》一文指出:城市内部下垫面温度差异与人口密度、建筑物密度、工厂密集区以及水域温度特征有关,通过对接近同步的卫星下垫面温度资料与实测气温资料的对比分析,发现白天城市下垫面增温速率比郊区快,而气温的增温率相差不大,因此白天当下垫面温度热岛十分显著时,气温热岛并不一定显著,甚至完全不存在。与此同时,白天城市下垫面的增温引起的能量下传和储存,却为夜间城市热岛的形成奠定了能量基础。范天锡、潘钟跃以卫星遥感的方法研究了北京城市的热岛问题。张景哲、刘启明利用北京市区 30 个观测点测得的气温记录和航测的市区下垫面资料,采用多元回归和逐步回归的方法,对城市气温与下垫面结构的关系进行了分析,结果表明:城市气温和城市下垫面结构中绿地、建筑物、水域三要素的相关程度,随着季节和昼夜的变化而变化。绿地的降温作用以夏季白天为最明显,建筑群的增温作用以冬季夜间为最明显。而且,城市内的小面积水体对其周围的气温并没有明显的调剂作用。2000 年,《城市规划》期刊上发表了题为《中国的地理学与城市规划》的文章,该文章谈到,芜湖市在城市规划工作中对该市的城市气候进行了实地观测,发现城市中较大面积的湖泊水面对降低其周围的气温具有重要的作用,这些数据为城市必须保留足够的水面提供了科学的依据。文章中还提到,在我国传统的城市规划布局中,往往根据风玫瑰图,按主导风向的原则布置工业区和居住区的相对位置,但在季风气候区和丘陵地带的工业区不适宜此项定式。因此,我国东部地区工业区宜布置在全年最小风频的上风向,而在静风、逆温频率高的地区,不宜将有害工业布置在市区或城市的边缘,这类工业应布置在城市的远郊。以上建议被规划部门采纳,并编入与城市规划原理相关的教科书中。由此可看出,城市规划、气象与地理学领域已经开始多学科的融合,展开了对城市气候的研究。接下来的几年里,冷红、冯娴慧、徐小东、顾朝林等学

者,都着手从城市规划、城市环境景观的角度研究城市气候的相关问题。石春娥、齐静静、宋晓程等大批研究者,采用当前最先进的地理信息系统、遥感技术和计算机模拟技术,对城市气候进行了定性、定量的研究,取得了大量有说服力的成果。由此可见,国内学者对城市气候及热环境的研究,也随着科学技术的进步愈加深入和全面。

第三节　城市气候学研究对象、任务、内容

一、研究对象

第一节我们讲到,城市气候主要是指以区域大气候为背景的"城市覆盖层""城市边界层"和"城市尾羽层"以及"乡村边界层"的局地气候。对城市气候的研究即对其各层问题的探讨(见图 1-1)。

1. 城市覆盖层

城市覆盖层(又为城市冠层)是地面至城市建筑物屋顶的部分,该层还可进行更详细的划分,如街区气候、街道峡谷气候、商业区气候、广场气候等微气候。这一层受人类活动的影响最大。

2. 城市边界层

城市边界层指城市建筑物屋顶至积云层中部,该层的高度因天气条件及时间早晚而异。该层与城市覆盖层相接,与之存在物质和能量交换,因此城市的大气质量、热动力、区域气候因子会对其产生影响。

3. 城市尾羽层

城市尾羽层又称城市尾烟气层,位于城市的下风方向,郊区边界层以上至积云层中间高度处。其间的污染物、云、雾、降水和气温等方面,都会受到城市中人的行为的影响。

4. 乡村边界层

乡村边界层在城市尾羽层下,与城市覆盖层相邻。

二、研究任务

（1）观测气候、积累数据。在城市内部和郊区不同点位设置气象站点，进行地面观测，搜集气候各要素的海量气象数据；也可利用低空探测系统、雷达系统进行观测；还可以利用航空遥感和卫星遥感成像进行气象观测。

（2）研究城市气候形成的机理。通过对城市日照、辐射、风速、风向、湿度、云、雾、降水、城市下垫面性质及形态、人为热和有关大气污染等要素观测数据的分析，寻找各要素的特性及其之间的关系，城市气候变化的特殊性、规律性，以及不同地区的气候差异，研究城市气候的成因和过程，并为城市气候预报提供依据。

（3）为城市规划、环境保护提供理论依据。随着现代数字信息技术的发展，城市气候的研究已经从定性分析走向定量分析，用数值实验的方法来设定不同物理过程和边界条件，模拟城市大气覆盖层和边界层中的气象要素变化的物理特性，寻找适合优化气候的用地强度目标值，为建筑设计、城市规划等诸多领域的工作提供理论依据。

（4）利用现代科学技术改善城市气候和环境。应用城市气候规律，合理利用城市气候资源，有意识地改善城市气候条件，使之利于城市生活和发展。

三、研究内容

城市气候的形成受大气候因素的作用和城市化人类活动的影响。

（1）热环境：辐射与气温。城市气候研究主要研究城市的太阳辐射、日照，由于城市中空气状况与下垫面性质的特殊性，城市中的日照时数和日照强度不同于乡村与郊区，再加上人为热的原因，城市中的气温明显不同于郊区，出现城市冷、热岛现象。

（2）风环境：风和湍流。城市热环境的不同会产生热岛环流，形成局地风系。城市建筑物增加了地面的粗糙度，导致城市内的风速小于郊区，且风向复杂多变，湍流的结构也不同于郊区，城市特有的热力性质和动力性质造成了城市风环境的不同。

（3）湿环境：由于城市土地利用强度的加大，不透水路面、人工排水管网以及绿化率的降低，直接导致了下垫面蒸散作用的降低，而城市气温又不同于郊区，使得城市中空气的湿度也与郊区不同。

（4）雾和露：城市空气湿度较低，但空气中粉尘、吸湿性核较郊区丰富，故雾日较多。郊区空气湿度虽比市区大，但凝结核少，雾日反而较少。郊区因空气、土壤潮湿，其凝露量远比市区要多。

（5）云和雨雪：多数学者认为，就云量而言，城市比郊区多，降水亦较郊区多，但也有持相反观点者。

第四节　本书的研究内容和研究框架

一、研究内容

对城市气候的研究主要包括第三节描述的几个方面。本书主要以城市快速扩展带来的城市热环境恶化为线索，以城市下垫面性质、空间形态及开发强度为主要研究点，以武汉市为案例城市，对其东南部的建设用地扩展进行城市热环境变化的量化研究，以期得出基于微气候调节的城市边缘区规划策略。具体内容有以下几个方面。

（一）城市边缘区热环境作用机理研究

1. 文献与实地调查

调查与统计对象主要包括下垫面状况，如植被、水体、道路、构筑物状况及地貌起伏状况等；气候状况，如冬、夏温度状况，城市主导风向、常年高频风向、风速、夏、冬季节气流特征等；人工排热量，如机动车排热、工业生产耗能、人居生活耗能等。为城市热环境现状研究提供可靠依据，为计算机模拟提供基础数据。

2. 城市热环境现状及中心区至边缘区微气候过渡性特征研究

收集气象台站及野外移动测试数据，得到城市极端气候条件下的气象数据。一是分析城市热环境分布状况;二是对城市热环境区域过渡性特征进行研究;三是实测与 WRF 模拟的比对验证。不同的下垫面性质会对城市热环境带来不同的影响,其中对江、河、湖泊水体的热环境调节作用分析,是武汉城市边缘区热环境研究最特殊的地方,是该地区不同于其他地区的最大特征。

(二)城市边缘区建设用地变化对城市中心区热环境影响研究

(1)以城市中心部位的用地状况为定值,改变城市边缘区用地强度,研究城市热环境的变化状况。

(2)就城市边缘区建设用地扩张对城市热环境的影响进行研究,讨论城市微气候变化状况。

(三)城市边缘区不同模式通风廊道对城市热环境影响研究

不同的城市边缘区通风廊道形态对城市热环境影响不同,该研究旨在寻找更适宜的边缘区通风廊道模式,为城市布局和设计提供更好的实施策略。

二、研究框架

本书共分八章,研究框架图如图 1-2 所示。第一章为绪论,主要介绍什么是城市气候与城市热环境,对城市气候学的研究背景、研究内容等进行简要的介绍。第二章主要介绍城市气候及热环境的影响要素。第三章主要讲述研究方法,并对案例城市进行简明的介绍。第四章至第七章为重点研究部分,以移动实测和中尺度气象模拟的方法对武汉市用地强度增加、建设用地扩张进行研究,并在城市边缘区设置多种通风廊道模式,用以探讨及改善城市环境逐渐恶化的状况。第八章对本书的研究进行了总结,并提出了展望。

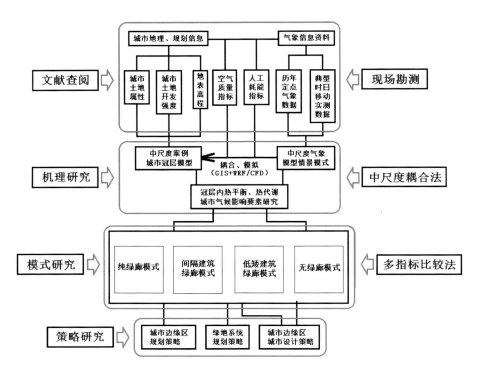

图 1-2　研究框架图

第二章　城市气候及热环境的影响要素

第一节　日照和辐射及其特征

一、太阳辐射

太阳辐射是指太阳以电磁波的形式向外传递能量,地球接受到的太阳辐射能量是太阳向宇宙空间放射的总辐射能量的二十亿分之一,但却是地球大气运动的主要能量源泉。由太阳发出的电磁波,其中一部分被大气层反射回宇宙,一部分被散射,一部分被大气层吸收,还剩下一部分穿过地球大气层辐射至地球表面。由大气、云层、空气中的烟尘散射而来的辐射,被称为散射辐射;穿过大气层直接辐射至地表的辐射,被称为太阳直接辐射。散射辐射与太阳直接辐射之和为太阳总辐射。太阳总辐射的强弱与很多因素有关,其中最主要的两个因素是太阳高度角和大气透明度。太阳高度角越大,大气越透明,太阳总辐射就会越强。在太阳高度角不变的情况下,大气透明程度越低,即空气中烟尘粒子越多时,穿过大气层直达地面的太阳直接辐射就会越少。同时,参与散射太阳辐射的粒子越多,散射辐射就会越强,但地表通过散射辐射得到的辐射量远不能补偿因烟尘粒子影响而减少的直接辐射量。

就太阳辐射而言,城市与乡村的差异集中体现在大气透明度上。由于工业废气、汽车尾气、集中供暖的废气排放等各方面因素,城市大气中的烟尘粒子浓度远大于乡村,因此达到地球表面的太阳辐射比郊区少,即城市受到太阳的直接辐射比乡村少。虽然城市大气中参与散射的粒子较乡村多,城市的散射辐射强度高于乡村,但增加的这部分散射辐射并不能代偿太阳

直接辐射的损失。

辐射平衡方程如下式表示。

$$Q_n = Q_{l\downarrow}(1-\alpha) + Q_{L\downarrow} - Q_{L\uparrow} \qquad (2.1)$$

$$Q_{l\downarrow} = S + D \qquad (2.2)$$

Q_n 为太阳净辐射（W/m^2）；

$Q_{l\downarrow}$ 为太阳总辐射（W/m^2）；

α 为地面反射率（%）；

$Q_{L\downarrow}$ 为大气发射出的方向向下的长波辐射（W/m^2）；

$Q_{L\uparrow}$ 为地面发射的方向向上的长波辐射（W/m^2）；

S 为太阳直接辐射（W/m^2）；

D 为太阳散射辐射（W/m^2）。

根据式（2.2），太阳总辐射为散射辐射与直接辐射之和，城市散射辐射强于乡村，而直接辐射弱于乡村，但散射辐射强度与直接辐射强度不属于一个量级，所以城市的太阳总辐射少于乡村。

二、城市下垫面反射辐射

地球如同其他任何物体一样，在吸收太阳辐射的同时也会将部分辐射至地球表面的电磁波反射回大气或宇宙中。决定反射辐射大小的就是地表下垫面的反射率。反射率大小主要受两个因素影响：①下垫面反射率；②城市建筑布局形式。

（一）下垫面反射率

城市的道路、建筑、广场等因颜色、材料，甚至季节等因素不同，反射率也有差异。乡村也会由于自然下垫面不同而引起反射率的差异。

例如，城市中的沥青道路反射率为 $0.05\% \sim 0.20\%$，混凝土的反射率为 $0.10\% \sim 0.35\%$，柏油和砾石屋顶为 $0.08\% \sim 0.18\%$，瓦片屋顶为 $0.10\% \sim 0.35\%$。不同颜色的涂料反射率差别也很大，白色的反射率为 $0.50\% \sim 0.90\%$，红、绿、棕等颜色反射率为 $0.15\% \sim 0.20\%$，黑色涂料反射率最小，为 $0.02\% \sim 0.15\%$。天然下垫面中土壤反射率为 $0.05\% \sim 0.40\%$，沙的反射率为 $0.20\% \sim 0.45\%$，陈雪为 0.40%，新雪为 0.90%。经过多年研究比

对，目前国内外一致认为，城市下垫面反射率比郊区要小。

（二）城市建筑布局形式

乡村相比于城市，其下垫面几乎没有建筑，或者只有零星分布的低层建筑，可以将其看成是一个平面，其反射率主要由下垫面性质决定。城市中分布着高低不等、密度不同的建筑群，它们对于辐射的接收和反射与乡村相比有很大的差异。在城市中，地面、路面、屋顶、建筑外立面都是可以接收辐射的面。它们反射辐射的过程也不尽一致。例如，屋顶接收的辐射可以直接反射回大气中，但路面、建筑外立面等接收的辐射会继续反射到别的建筑外立面上，经由多次反射才会反射回大气中。反射的次数增多，受射面吸收的辐射能量就会增多，反射的辐射能量就会减少，因而城市的反射率比郊区小。

三、地表与大气长波辐射交换

大气对太阳辐射进行吸收、反射和散射。大气对太阳辐射（短波辐射）的吸收能力很小，因而短波辐射能穿过大气到达地面，使地面升温。升温的地面会释放长波辐射，除了少部分穿透大气层返回宇宙外，绝大部分的长波辐射被大气中的二氧化碳和水汽吸收，使大气温度升高。大气在增温的同时，也向外放出红外线长波辐射，即大气辐射。大气辐射除一小部分向上射向宇宙外，大部分向下射向地面，其方向与地面辐射正好相反，故称大气逆辐射；而由地面发出的长波辐射，其方向是由地面指向空中，也称为地面逆辐射（见图 2-1）。

地面逆辐射的能量多少通常用以下公式计算。

$$Q_{L\uparrow} = \varepsilon \sigma T^4 \qquad (2.3)$$

ε 为地面的辐射发射率；

σ 为玻尔兹曼常数；

T 为地表温度（K）。

不同下垫面的发射率虽有差别，但差别不大。地面长波辐射的总能量与地表温度 T 的 4 次方成正比，可见影响地面长波辐射量的主要因素为地表温度。

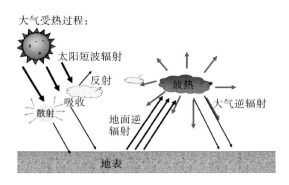

图 2-1　大气受热过程示意图

国内外大量学者对城市与乡村不同下垫面的地表温度进行了研究观测,结果显示:在晴朗天气下,阳光照射的湖泊、河流、森林、田野等自然下垫面表面温度较低,而住宅区、路面、停车场等人工下垫面的表面温度则高很多。由此我们可以得出城市地表温度普遍高于乡村地表温度的结论,故城市人工下垫面的地面长波辐射值普遍要比乡村大。大气逆辐射的强度主要受两方面因素影响:其一是大气中二氧化碳、水汽、污染物等的浓度,其二是地面逆辐射的强度。城市中二氧化碳、污染物等的浓度均高于乡村,且城市地表温度普遍较高,故城市的大气逆辐射比乡村强。

四、城市与乡村辐射平衡比较

乡村为自然下垫面,多为森林、土壤、水体或其他植被所覆盖。其间的太阳辐射分为以下几部分:①部分太阳辐射被植被及土壤表面反射回大气或宇宙;②部分辐射被植被叶片吸收,其辐射能导致植物叶片温度升高和水分蒸发,提高周围环境的湿度;③部分辐射透过植被照射到土壤表面被土壤吸收,从而导致地表温度升高,土壤水分蒸发,还有部分辐射能量传至土壤的深处,在夜间再传至土壤表面,以减缓地表因长波辐射散热造成的地表温度降低。

由于城市空气中的污染物浓度高于乡村,太阳辐射在大气中经过吸收、反射、散射的过程后,到达城市冠层的辐射量相对于到达乡村地面的辐射量减少。城市中建筑物密集,一部分太阳辐射投射到建筑物屋顶,其中部分辐射被屋顶吸收导致屋顶表面升温,部分太阳辐射被屋顶反射回大气或宇宙,反射辐射的值由屋顶材料、颜色等决定;一部分太阳辐射投射到建筑物外立面上,同样,其中部分太阳辐射被吸收,部分太阳辐射则被反射。与屋顶情况不同的是,被反射的太阳辐射只有很少一部分返回宇宙,大部分则被反射至相邻建筑物的外立面上,这种情况越多,建筑物外立面吸收的辐射能也就越多。假设建筑物的高度为 H,间距为 D,当 H/D 值越大时,能够投射到建筑物外立面、建筑间道路上的太阳辐射就越少。尽管城市中的道路和建筑物外立面直接接收的太阳辐射较少,但由于其他的建筑物外立面可以反射太阳辐射,它们也会因为接收到反射来的太阳辐射而升温。

关于城市散热也有较多的研究。屋顶辐射出的长波可以不受遮挡地辐射至大气中,而建筑立面和道路辐射出的长波会被邻近的建筑物再次吸收,因此建筑立面和道路通过长波辐射散热的强度弱于屋顶。反观乡村的长波辐射散热,由于郊区比较空旷,由植被、土壤等辐射出的长波不受遮挡地辐射至大气中,故城市中长波辐射散热的热量总和比空旷的乡村陆地小得多,即城市中通过长波辐射散热引起近地面降温的作用明显小于郊区。由于水体比热容较土壤和沙石要大,大面积水体的散热较慢。

热传递的方式有传导、对流和辐射等,在此笔者主要考虑对流和辐射两种热传递方式。夜间无风时,长波辐射散热是地表及近地空气降温的主要方式。一般情况下,城市有效辐射散热相对于乡村要弱很多,城市夜晚降温也比乡村慢很多,这也是在晴朗无风的夜晚城市热岛效应最明显的主要原因。

五、城市日照

城市的日照与乡村的日照其差异主要体现在日照时数上。所谓日照时数,是指太阳每天在垂直于其光线的平面上的辐射强度大于或等于 120 W/m^2 的时间长度,以小时为单位。一个地方日照时数的多少一方面受该地区纬度和季节的影响,另一方面还受当地大气透明度的影响。高纬度地区的太阳高度角比较小,导致辐射强度小,日照时数也较低纬度地区少。一年四季中,夏季辐射强度最强,冬季辐射强度最弱,因而夏季的日照时数比较长。

在纬度与季节相同的情况下,当大气透明度小、空气中污染物浓度高时,透过大气投射到地表的辐射强度会变弱,日照时数也会变短。因此,处于相同纬度、相同季节,城市由于大气透明度小、云层厚、大气污染物浓度高,日照时数就会比乡村少。根据《上海气候资料》统计:1961—1970 年的 10 年间,上海市年平均日照时数为 2092.3 小时/年,而周边的 11 个县年平均日照时数为 2137.4 小时/年;接下来 1971—1980 年的 10 年间,由于城市的发展,空气透明度逐渐变小,年平均日照时数下降为 1963.4 小时/年。这种情况在很多大城市,如北京、伦敦、东京等,表现得最明显。

第二节　城市风场及其特征

一、基本概念

盛行风又称最多风向,指在一个地区某一时段内出现频数最多的风或风向。通常按日、月、季和年的时段,用统计方法求出相应时段的盛行风向。主导风向(单一盛行风向)即该地区只有一个风向频率较大的风向。城市内密集林立的高层建筑物对原始的自然下垫面产生了巨大的影响,对该地区甚至周围地区的风场结构也产生了巨大的影响,使之产生了与周边乡村不同的风场情况,我们将此区域的盛行风场称为城市风场。某地某方向的风向频率,则指该方向一年中有风次数与该地区全年各方向有风总次数的比率。最小风频风向是指某地风向频率最小的风向。

二、城市发展对盛行风的影响

在太阳辐射、温度、湿度、风等气象元素中,风元素比其他元素更容易受到城市建设发展的影响。当从空旷开阔的乡村地区吹来的风通过城市地区时,风与城市高粗糙度的地表相遇,经过较大摩擦力的作用、动能耗损,风速随之减弱;高度参差不齐的建筑则直接导致风向的变化不一,故风向紊乱程度增加。与开阔的乡村相比,城市风场表现出风速低、风场紊乱度较大的特点。

城市对盛行风的影响主要表现为两方面:其一是同一地区在城市发展历史过程中的风速变化;其二是同一时间段城市与乡村风速的差异。

1909 年,克列姆谢尔曾对德国柏林的风速数据持续进行了相关研究。在 1901—1919 年,离地面 32 米高处年平均风速为 5.1 m/s;而在 1920—1929 年,该测风点位周围建起了高楼,其年平均风速为 3.9 m/s,相比之前平均风速减小了 1.2 m/s。由此可以看出,随着柏林城市建设的不断扩大,建筑物的增多对风速降低的作用效果十分显著。周淑贞对我国上海风速的历史变化做过研究,也明确指出,随着上海城市的快速发展,年平均风速明显逐年变小。1884—1893 年的年平均风速为 3.8 m/s,而 1976—1980 年的年平均风速降低到 3.0 m/s,在约 90 年间,年平均风速降低了 21%。伴随着城市的发展建设,在同时期城市与郊区风速变化中,城市的年平均风速逐年递减,并且递减速度很快,与周边乡村的年平均风速差值也在逐年递增。例如,洛杉矶在 1912—1927 年,风速从 2.68 m/s 减小到 2.28 m/s,而周边乡村则保持不变。上海市 1961—1970 年的气象数据也证明了,城市化后市区与郊外的风速相比,风速有明显下降的趋势。

城市冠层面内部形态逐渐丰富,下垫面的粗糙度也逐渐增大;而乡村或郊区的下垫面则变化极小,相对于城市而言,粗糙度要小得多。由此看来,下垫面粗糙度是决定风速的重要因素。就平均风速而言,城市小于乡村,但不同季节、时刻、风向、风速下,城市与乡村风速的差值则视具体情况而异。它主要取决于具体位置的气温层结、植被等情况,也与监测点的具体条件有关。

城市对盛行风的影响不仅表现在改变风速上,还表现在改变风的结构上。一是城市湍流持续时间延长,且强度较大。在乡村,日落后,地面很快冷却,热力湍流变小,同时由于地面粗糙度较小,当风速减小后,机械湍流亦不易发展。在城市区域,由于热岛效应,日落后的几小时城市热岛强度达到最大值,气温垂直递减率很大,因此热力湍流持续;并且由于地面粗糙度大,机械湍流较强。二是由于城市的热力和机械摩擦力的作用,湍流频率发生改变。

三、大气与风的垂直结构

城市风场在风速、风向、垂直结构等方面都与乡村风场有很大的差异，并且出现了城市特有的热岛环流现象。

依据大气层成分、温度、密度等物理性质在垂直方向上的变化，世界气象组织将大气层分为五层，自下而上依次是对流层、平流层、中间层、暖层和散逸层。对于城市气候和城市热环境的研究，笔者主要关注对流层内的城市覆盖层（见图 2-2）。

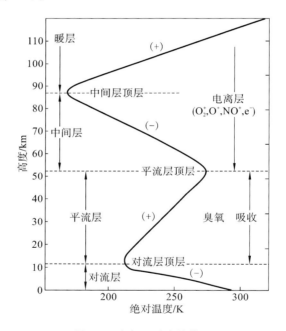

图 2-2　大气层垂直结构图

科学家对风的垂直结构进行过大量研究，其结果显示：城市建筑物屋顶以下风速较小，而在屋顶平均高度之上会出现一个较大风速区，被称为"屋顶小急流"。城市中风速的垂直变化因城市下垫面的粗糙度和空气层结的稳定度而异。按照空气动力学理论，在中性稳定平衡（即气温直减率为 1 ℃/100 m）的大气中，垂直风速廓线公式如下。

$$\overline{v}_z = \frac{v_*}{k}\ln\left(\frac{Z}{Z_0}\right) \tag{2.4}$$

v_z 为摩擦层内 Z 高度处的平均风速；

v_* 为摩擦速度；

k 为摩擦常数,约为 0.4；

Z 为高度；

Z_0 为粗糙度长度(指在中性稳定平衡下垂直风速廓线外延到风速等于零的高度)。

　　纽陶等学者对不同阻力系数进行观测和计算,并利用风洞进行烟气模拟试验,证实上述公式是符合实况的。由此我们可以看到:离地越高,摩擦速度越大,风速越大;粗糙长度越长,风速越小。风速的垂直梯度变化也可见图 2-3。

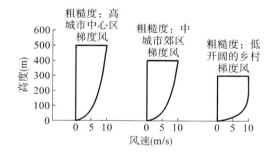

图 2-3　地表粗糙度对风速的影响及风垂直结构图

四、城市冠层内部风的局地差异

　　城市覆盖层内部风向、风速的局地性差异是很大的。有风速极微的"风影区",也有风速较大的区域。城市内街道的走向、宽度,建筑物的高度、形式和朝向等不同,所获得的辐射能不同,因而产生的局地热力环流;因建筑物对盛行风的阻碍效应而产生的气流、涡动和绕流等。例如,日间热空气从屋顶上升,街道上空的空气逆流向屋顶以补充其位置,街道上空又被下沉的气流所代替。夜间屋顶急剧变冷,冷空气从屋顶降至街道,排挤地面上的热空气,使之上升,形成与白天不同的街道空气环流。当盛行风遇到建筑物阻碍时,在迎风面上,一部分气流上升越过屋顶,一部分下沉降至地面,另一部分绕过建筑物的周侧流向屋后,在建筑的周围形成未受干扰区、气流变形区、背风涡旋区、尾流区四个区(见图 2-4)。由于建筑物和街道的热力效应和阻碍效应,城市覆盖层内部的风环境产生了很大的局地差异。

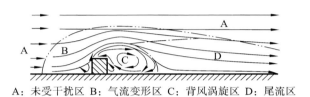

A:未受干扰区 B:气流变形区 C:背风涡旋区 D:尾流区

图 2-4　盛行风下的气流区

第三节　湿度与蒸散、雾霾与空气污染

一、湿度与蒸散

绝对湿度是指在一个标准大气压下每立方米空气中所含水蒸气的重量,单位为克/立方米。湿空气的绝对湿度与相同温度下可能达到的最大绝对湿度之比,就是空气的相对湿度。蒸散包括了地表水分蒸发与植物体内水分的蒸腾,它是维持陆面水分平衡的重要组成部分,也是维持地表能量平衡的主要部分。

城市绝对湿度的影响因素有几个方面。一是人为产生的水汽,如燃烧燃料的水汽、工业中冷却塔释放的水汽、洒水车作业产生的水汽等;二是降雨及降雪等;三是季节、地区和云量。城市经过人工化建设,下垫面的性质发生了巨大变化,沥青、水泥、钢筋混凝土等使城市下垫面变成不透水层。仅有很少量的雨水会被城市下垫面吸收,大量的雨水则经由城市下水管道排出城市之外,城市下垫面含水量低。另外,城市中植被覆盖率小,水分蒸散量远不如自然蒸散量大,故城市的日平均绝对湿度要小于郊区。城市和乡村绝对湿度日变化形式不同,白天城市绝对湿度比郊区低,形成"干岛",

而在夜间一定时段内,城市绝对湿度反而比郊区大,形成"湿岛",这一现象在夏季晴天时比较明显。城市绝对湿度的日变化又因季节、地区和云量而异。一般情况下,冬季绝对湿度的日变化小,城乡的差异较小;夏季绝对湿度的日变化大,城乡的差异显著。就绝对湿度日变化来看,市区绝对湿度的日变化振幅大于郊区,且两者绝对湿度最高点出现的时间不同,市区出现在子夜至凌晨前,而郊区有两个高峰:一个在黄昏后,一个在早晨至午间。

空气温度越高时,空气容纳水汽的能力越强。当空气中水汽重量一定时,气温越高,空气相对湿度就会越低。城市因平均绝对湿度比郊区小,气温又比郊区高,其相对湿度与郊区的差异比绝对湿度的差异更为明显。城市在子夜至日出前,气温值处于一天内最低位,此时段为相对湿度最高时段;而午后 16 时或 17 时,为一天内气温最高时段,故该时段相对湿度为一天内最低(分母值最大)。郊区相对湿度各时段基本上比市区大,其高值时段比较长。城乡相对湿度的最大差值时段多在 21 时左右,这是因为此时郊区的绝对湿度达到高峰,而气温的降低又比城市快。季节各异,相对湿度日变化的城乡差值也不同,冬季甚小,夏季夜晚最大。不同气候区域的城市,其季节变化各具特色,相对湿度随不同季节变化的形式远比绝对湿度复杂。

蒸散是水分平衡和地面热量平衡的组成部分,天气气候的变化很大程度上由热量和水分的收支状况决定,因而,蒸散量在城市气候中扮演了重要的角色。城市建筑物-空气-地面系统的水分平衡方程如式 2.5 所示。

$$P + F + I = E + \Delta S + \Delta r + \Delta A \tag{2.5}$$

P 为降水量;

F 为由燃烧所产生的水分;

I 为通过管道等供应城市的水分;

E 为蒸发和蒸腾的总量,即蒸散量;

ΔS 为贮存在城市建筑物-空气-地面系统中的水分的变化;

Δr 为径流量的变化;

ΔA 为在城市建筑物-空气-地面系统间平流的水分。

当等式左边为定值,ΔS、ΔA 不变的情况下,Δr 的增加,会直接导致 E 的减少,也就意味着城市潜热通量的减少。根据热量收支平衡原理,在分析地

球系统表层的能量收支平衡时,地表净辐射通量 R_n、地表潜热通量 LE、地表显热通量 H 和地表热通量 G,满足地表能量平衡方程(见式(2.6),人为热可忽略不计)。

$$R_n = H + G + LE \qquad (2.6)$$

地表热通量(G)为单位时间、单位面积地表热交换量。

地表显热通量(H)即感热通量,指物体在加热或冷却过程中,温度升高或降低而不改变其原有相态所需吸收或放出的热量通量。地表显热通量主要取决于风速和地气温差。风速和地气温差越大,显热通量越大。

地表潜热通量(LE)为温度不变条件下单位面积的热量交换,单位是 W/m^2。自然界潜热通量的主要形式为水的相变,即下垫面与大气之间水分的热交换。地表潜热通量反映了地表系统与大气之间的水热交换,它主要指水的相变(凝结、蒸发、融化)所需吸收或释放的热量,包括地面蒸发(裸地覆盖)或植被蒸腾、蒸发(植被覆盖)的能量,又称蒸散。地表显热通量与下垫面表面温度、下垫面饱和水汽压、参考高度空气水汽压、空气动力学阻抗、下垫面表面阻抗等有关。

由公式 2.6 可知,如果要从热量收支平衡的角度研究不同城市地表覆盖对城市热岛形成的影响,就必须掌握不同城市地表覆盖类型在上述各参数方面的定量差异,特别是直接影响地表温度的显热通量 H 值的具体定量差异。

夏季,城市蒸散量低于乡村,且城市粗糙度大,在风速相同的情况下,城区较强的机械湍流及城市热岛效应会促使下垫面表层的水汽向上,从而形成城市干岛。冬季,城乡地面有冰冻或结霜,由于城市热岛的存在,城区近地面空气中水汽压大于郊区,易形成城市湿岛。

二、雾霾与空气污染

雾霾是雾和霾的组合。雾是由大量悬浮在近地面空气中的微小水滴或冰晶组成的气溶胶系统;霾是由空气中的灰尘、硫酸、硝酸等颗粒物组成的气溶胶系统。雾的存在会降低空气透明度,使能见度降低,而霾在降低能见度的同时,对人体会造成不利影响。雾霾是一种大气污染现象,是对大气中各种悬浮颗粒物含量超标的笼统表述。在工业发达、人口密集的城市里，人们生产生活的同时会向空气中排放多种有害物质，如一氧化碳、硫氧化物、氮氧化物、粉尘等，这些污染物在城市空气中累积至一定的数量时，便足以对人的健康、动植物的存活，甚至生产活动造成影响，我们称这种现象为空气污染。

（一）污染源和污染物

1. 污染源

污染源按运动状态可分为固定污染源和移动污染源。

固定污染源是指污染物从固定的设施排出。例如，能源利用型污染物排放，为了获得生产生活所需的电能、热能等能量，消耗燃料后排放出污染物质；废物焚化型污染物排放，即焚化城市生活废物过程中排放出的污染物质；工业生产型污染物排放，即在工业生产之中排放的污染物质等。在固定污染源排放中，以能源利用中的火力发电厂为最大的污染源，据统计，每年全世界火力发电厂向大气中排放了数千万吨的污染物，其次是冶金行业中排放污染物的工厂。化学工业排放的污染物毒性大，对空气污染的影响更大，其中石油化工、农药和化肥工业尤其。

移动污染源主要为汽车、飞机、轮船等交通工具。虽然就个体而言，它们的污染排放量较少，但是其数量庞大，所以它们排放的污染物质还是不容忽视的。

2. 污染物

排放至大气中的污染物种类繁多，其中对人类生活环境影响较大的主要有烟粉尘、二氧化碳、一氧化碳、二氧化硫和碳氢化合物等。

烟粉尘是含有固体颗粒和液体微粒的气溶胶，包括不完全燃烧的小颗粒，由碳、氧、氢、硫等组成的化合物，以及诸如苯并芘、苯并蒽之类的致癌物质，对人体危害极大。其颗粒大小不一，从 0.1 微米到几百微米的都有。

二氧化硫是评判大气污染程度的重要指标，主要由煤燃烧产生，另外燃油燃烧、石油化工、冶金也会排放出少量的二氧化硫。城市中二氧化硫含量因各城市的工业结构、交通等不同而变化。二氧化硫对人身体伤害很大，并

且它还是酸雨形成的主要原因。

氮气是大气中的重要组成部分,在空气中的体积占到了78.09%,原本无毒无害的氮气在燃烧等高温条件下会与氧气反应生成一氧化氮,继续氧化生成二氧化氮,成为有害气体。

随着石油化工和有机合成工业的发展,许多新的有机化合物、高分子化合物(如烷烃、芳烃等碳氢化合物)、炼油、焦化和有机合成等工业排出的酚、醛、酮类含氧有机化合物、过氧硝基酰、芳香胺等含氮有机化合物等污染物进入大气,从而对人类身体健康产生危害。

(二)气象条件对大气污染的影响

城市大气的污染程度一方面取决于污染物的浓度、性质和排放强度等因素,另一方面则取决于城市当时的气象条件。相同污染源造成的大气污染在不同的气象条件下会产生巨大差异。

1. 湍流和风

湍流和风对大气中的污染物有十分强大的扩散、输送、稀释的作用。其强度和速度大小直接影响空气污染物的扩散、稀释速度。当寂静无风时,空气中的污染物很难扩散和稀释;当风速很小时,污染源下风处的污染物会堆积,污染浓度就会显著升高。当风速增大时,高速流动的空气会把污染物迅速吹散,带出城市,使污染物浓度降低。大量研究资料表明,城市中日平均风速小于3 m/s时,会出现严重污染的情况。当风速大于6 m/s时,城市空气中污染物扩散得快,除污染源附近,其他地方很少会出现严重污染的情况。

2. 大气稳定度

大气稳定度是影响污染物在空气中扩散的一个极重要的因素。当大气结构不稳定、热力湍流旺盛、空气对流强时,污染物容易扩散。当逆温层出现时,大气稳定度很高、风力很弱,这时极易出现空气污染。当空气温度随着离地表高度升高而迅速降低,即 $\gamma > -1\ ℃/100\ m$ 时,热力湍流强度大,污染物容易扩散;当空气温度随高度升高而缓慢降低,即 $\gamma < -1\ ℃/100\ m$ 时,空气处于稳定状态,污染物容易聚集在城市近地层,导致空气污染。

3. 降水的冲洗作用

通常下雨或下雪之后,空气中的烟尘、粉尘等颗粒状污染物会被云雪携带至地面,从而清除空气中的大部分颗粒状污染物。同时,降雨还能将可溶于水的污染气体(如二氧化氮、二氧化硫、氨气等)清除掉。经过降雨过程后,这些有害气体的浓度会显著降低。

4. 雾的凝聚作用

当城市空气中能够吸湿的颗粒污染物与湿度较大的空气相遇时,水汽就会吸附在颗粒污染物上形成雾滴,雾会凝聚大量污染物悬浮于近地层,使得污染物不易扩散。当空气中的二氧化硫与浓雾同时出现时,二氧化硫会与雾中的水汽发生反应,形成酸雾。

第四节　城市下垫面与城市热环境

下垫面是指与大气下层直接接触的地球表面,大气圈以地球的水陆表面为其下界,称为大气层的下垫面。它包括地形、地质、土壤和植被等,是影响气候的重要因素之一。

城市热环境是指与热有关的,由影响城市中人们生存和发展的各种外部因素组成的物理条件的总体。在城市环境中,考虑到有传导、对流和辐射(包括太阳辐射)三种传热方式,再加上影响热平衡的另一种最常见的因素——水蒸气的潜热输送,借鉴气候系统的概念,城市热环境应该是以空气温度和下垫面表面温度为核心,包括太阳辐射、人为产热,由影响热量传输的大气状况(如风速、大气混浊度、空气湿度等)和下垫面状况(如下垫面类型、反照率、发射率、热导率、热容等)共同组成的一个影响人类及其活动的物理系统。当城市发展到一定规模时,多方因素会使城市气温高于郊区,形成类似高温孤岛的现象,我们将之称为城市热岛。城市热岛是城市热环境特殊的表现形式之一。城市热环境与城市下垫面属性与结构间的关系,是城市气候研究的关键性课题。

一、城市下垫面物理量

反映地表下垫面热特性的主要参数之一是热惯量，它是物质固有的属性。热惯量是地物阻止其温度变化的量度。当地物吸收或释放热量时，地物温度变化的幅度与地物的热惯量成反比，即热惯量大的物体，其温度的变化幅度小，反之，则温度的变化幅度大。就地球科学而言，热惯量是对地表在白天贮存热量、在夜间释放热量能力的测量。不同物质的热惯量不同，同一物质不同时间其热惯性也不尽一致。有人通过遥感信息技术对五种主要的城市下垫面进行研究，统计得出北京冬、夏两季典型天气状态下下垫面的热惯量平均值（见表 2-1）。从表 2-1 中可以看出，冬季水体的热惯量值最大，草地的热惯量值最小（这与草地所占比例很小有关）；夏季水体的热惯量值最大，道路的热惯量值最小。总体来看，水体、植被的热惯量要大于道路、建筑物的热惯量。

表 2-1　各种下垫面热惯量的均值比较

	2014-01-27	2004-08-31
水体	0.003374	0.003402
林地	0.003349	0.003281
草地	0.003296	0.003299
道路	0.003341	0.003201
建筑物	0.003315	0.003211

比热容是单位质量物质的热容量，即单位质量物体改变单位温度时吸收或释放的内能。它是表示物质热性质的物理量，通常用符号 C 表示。比热容的计算如式（2.7）所示。

$$c = \frac{Q}{m(t - t_0)} \tag{2.7}$$

Q 为物体吸收或释放的热量；

c 为比热容；

m 为物质的质量；

t_0 为物体的初温；

t 为物体的末温。

地表下垫面物质属性不同,其比热容也不同,升高或降低相同温度时所需吸收或释放的热量也不尽一致,从而对大气的影响也不尽相同。

地表属性不同,热惯量和比热容也不相同,城市对热环境的影响也不尽相同。

二、城市下垫面改变对城市热环境产生的影响

城市也叫城市聚落,是由非农产业和非农业人口集聚形成的较大居民点,是受人类影响最强烈的区域。城市的下垫面多为水泥、柏油等覆盖,建筑物密集,绿地植物较少,有些城市绿地甚至为人工绿地。这极大地改变了下垫面的热惯量,直接导致城市热环境与乡村热环境的不同。城市下垫面改变对城市热环境的影响有以下几个方面。

(1)地表覆盖物的改变使得地表物质的热惯量发生改变。白天城市下垫面会贮存更多的热量,夜间下垫面中的热量会持续释放到空气中。

(2)由于城市空间结构的变化,下垫面的反射率和反射过程也发生了变化,短波辐射在城市环境中能被充分地吸收,这直接增加了城市的基础能量。

(3)城市中绿地减少,水泥、沥青覆盖面增加,地表吸收降水的下垫面积变少,蓄水能力减弱,没有充足的蒸发水分供给,于是从环境中获得的能量将主要用于增加下垫面和空气的温度。

(4)城市建筑物密集,粗糙度增大,城市冠层内大气的水平交换受阻,局地性垂直交换增强,局地环流的改变使得城市风速减小,热量的扩散能力减弱。

(5)城市空气中烟尘、二氧化硫、二氧化氮、一氧化碳含量增加,它们大量地吸收环境中热辐射的能量,产生温室效应,以致城市大气升温。

上述影响都将带来城市热环境的改变。

三、城市热岛及热岛效应

前面笔者阐述了城市下垫面改变对城市热环境影响的因素,与这些因

素一起作用于城市热环境的还有一个很大的因素：人为释热。城市中的人为热源可分为两类：生活热源和生产热源。生活热源包括各种生活用能，生产热源则包括了一切形式的生产用能，这些能量最终会被释放出来。城市是人类集中活动的区域，所以人为释热是城市热平衡中不可忽略的重要项目，它甚至会直接改变局地的热平衡。

在诸多因素的作用下，城市的气温明显高于外围郊区。从近地面温度图上可以看出，郊区气温变化很小，而城区则是一个高温区，就像一个突出海面的岛屿，由于这种岛屿代表着高温的城市区域，所以就被形象地称为城市热岛（见图 2-5）。城市热岛效应是城市气温比郊区气温高的现象，它是城市气候典型的特征之一。

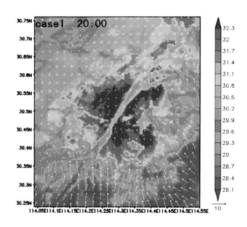

图 2-5　武汉市夏季夜间（20：00 pm）气温场分布图

城市热岛效应对城市环境的影响弊大于利。

（1）城市热岛中聚集了大量污染物，直接危害人们的身体健康。例如，刺激呼吸黏膜，诱发呼吸系统疾病；刺激皮肤，引发皮肤病变；引起情绪烦躁、精神萎靡、心情压抑等。

（2）城市热岛引起的热岛环流会改变城市风场，导致城市热岛中心气温垂直递减率大，热力湍流强度大，使地面的水汽上升至空中，从而形成降水，因此城市中的暴雨等强对流天气出现的概率要大于郊区。

（3）城市热岛效应对居民的生活方式也有很大的影响。例如，冬季城市由于热岛效应,气温比郊区高,需要的供暖量少于乡村;夏季城市由于热岛效应,气温高于郊区,此时城市供冷量就会高于乡村。

　　本书将主要就城市发展,即建设用地向高空和周边蔓延,对城市气温场和风场的影响展开研究,将重点关注城市下垫面用地属性变化、空间形态变化对城市热环境的影响。

第三章　目标城市概述与研究方法介绍

第一节　目标城市概述

　　武汉市是季节气候特点相当明显的城市,与世界同纬度其他地区相比,气候状况尤其突出。在中国城市化进一步发展的大环境下,2016 年 12 月,国务院正式批复支持武汉建设国家中心城市。国家中心城市必须具有五大功能:是国家组织经济活动和配置资源的中枢;是国家综合交通和信息网络的枢纽;是国家科教、文化、创新中心;具有国际影响力和竞争力;是国家城市体系中综合实力最强的"塔尖城市"。由此,武汉市将面临更进一步的高速发展,武汉市的平面、空间形态及下垫面性质将发生很大的变化。因而将武汉市作为城市热环境研究的目标城市,非常符合本书的研究要求。

一、地理格局

　　武汉地处华夏腹地中心、江汉平原东部,南北扼京广铁路之咽喉,东西锁长江、汉水之要塞,是华中地区和长江中游地区经济、教育、科技、文化和旅游的中心,是全国重要的交通枢纽。据湖北省《武汉市志》记载:城市位于东经 113°41′~115°05′,北纬 29°58′~31°22′。东西横向距离为 134 千米,南北最大纵向距离为 115 千米,形同一只自西向东飞翔的蝴蝶。

　　武汉市位于江汉平原的东端,属于残丘性的河湖冲积平原,地形为北高南低,以丘陵和平原相间的波状起伏地形为主。市域内整体地势由南北两面向中间凹陷,其剖面呈盆状,中部低洼平坦,三面有山脉环绕,一面毗连平原,其间残丘横亘,为长江中游地区的不完整盆地。武汉市的地理状况还有一个特殊点,即位于长江中下游,长江与汉水交界处,由于两江的分隔,城市沿着长江、汉江多轴向延伸。市内河流纵横,湖泊众多,港汊塘堰和沟渠星罗棋布,构成水资源丰富、水域辽阔的稠密水网地区。由于固有的水网密集特征,城市极大地表现出"亲水"式的特殊形态,据《武汉市志》记载:武汉市域内水域面积有 1370 平方千米,占全市总面积的 16.76%;有 8 条主要河流,有大小湖泊 140 余个,在正常水位时,湖泊水面面积为 942.8 平方千米,湖泊水面率为 11.11%,居全国各大城市的首位。这是城市引以为傲的资源,也是市民们最忧心的问题。据资料显示,20 世纪 80 年代以来,武汉市的湖泊面积减少了 100 多平方千米(1 平方千米等于 1500 亩,合 343 350亩——编者)。近 10 年来,武汉中心城区湖泊面积由原来的 60 余平方千米缩减为 53 余平方千米,净减少面积达近 70 平方千米。

武汉地区历史悠久,地方建制始于西汉。现武汉市市区(即城区、郊区,不包括辖县)有十三个辖区,其中三环线内辖区包括江岸区、江汉区、硚口区、汉阳区、武昌区、洪山区、青山区,为城区;郊区包括东西湖区、蔡甸区、江夏区、黄陂区、新洲区、汉南区。《武汉市地理信息蓝皮书 2011》首度披露,武汉市辖区总面积为 8494.41 平方千米,为全省的 4.6%;武汉市市域境界长度(周长)达 977.28 千米。

二、气候特征

武汉市地处中低纬度地区,属亚热带季风气候区。武汉市四季分明、光照充足、热富水丰、雨热同季、冬冷夏热、无霜期长。春季阴雨绵绵,初夏多梅雨、暴雨,盛夏高温干旱,秋季秋高气爽,冬季常有低温冻害,属典型的夏热冬冷型气候(见表 3-1)。夏季最高气温达 40 ℃,素有"火炉"之称;冬季气温比同纬度其他地区一般要低 8~10 ℃。武汉特殊的地形地貌,加之其位于中亚热带到北亚热带的过渡地带,使之形成了特有的小气候效应。最有代表性的是"湖泊水体效应"和市区的"城市热岛效应"等。据笔者在 2011 年8 月进行的实测研究,武汉市区夏季存在明显的热岛现象。清晨温差在 1~2 ℃;中午,由于下垫面的蓄热和散热性能的不同,以及人为因素,某些局部区块热岛强度增加 2~3 ℃;晚上,由于郊区土壤、植被的散热性好,城市热岛达到了 4 ℃,时间越晚,热岛现象越明显。另一组数据显示,沿江处与闹

市区温差中午可达 2～3 ℃，影响范围近 1.5 千米；晚间由于水面散热的作用，沿江处与闹市区温度基本相同，热岛效应在 2～3 ℃。

据《武汉市志》记载，1971—2000 年的 30 年间，逐月风速平均为 2.0 m/s 左右，最大风速为 17～19 m/s；春季（4 月）多偏北风，风向频率为 12％；夏季（7 月）盛行西南风，风向频率为 9％；秋冬季多东北风，风向频率达 17％～18％。

表 3-1　武汉市气候平均数据（平均数据：1971—2000 年，极端数据：1951—2013 年）

月份	极端高温 /℃（℉）	平均高温 /℃（℉）	平均气温 /℃（℉）	平均低温 /℃（℉）	极端低温 /℃（℉）	降水量 /mm（英寸）	相对湿度 /（％）	平均降水日数（≥ 0.1 mm）	日照时数 /h
1	24.2 (75.6)	8.0 (46.4)	3.7 (38.7)	0.4 (32.7)	−18.1 (−0.6)	43.4 (1.709)	77	9.1	106.5
2	29.1 (84.4)	10.1 (50.2)	5.8 (42.4)	2.4 (36.3)	−14.8 (5.4)	58.7 (2.311)	76	9.5	102.8
3	32.4 (90.3)	14.4 (57.9)	10.1 (50.2)	6.6 (43.9)	−5.0 (23)	95.0 (3.74)	78	13.5	115.5
4	35.1 (95.2)	21.4 (70.5)	16.8 (62.2)	12.9 (55.2)	−0.3 (31.5)	131.1 (5.161)	78	13.0	151.2
5	36.1 (97)	26.4 (79.5)	21.9 (71.4)	18.2 (64.8)	7.2 (45)	164.2 (6.465)	77	13.2	181.4
6	37.8 (100)	29.7 (85.5)	25.6 (78.1)	22.3 (72.1)	13.0 (55.5)	225.0 (8.858)	80	13.3	179.5
7	39.3 (102.7)	32.6 (90.7)	28.7 (83.7)	25.4 (77.7)	17.3 (63.1)	190.3 (7.492)	79	11.2	232.1
8	39.6 (103.3)	32.5 (90.5)	28.2 (82.8)	24.9 (76.8)	17.5 (63.5)	111.7 (4.398)	79	9.0	241.0
9	37.6 (99.7)	27.9 (82.2)	23.4 (74.1)	19.9 (67.8)	10.1 (50.2)	79.7 (3.138)	78	9.0	176.7

续表

月份	极端高温 /℃（℉）	平均高温 /℃（℉）	平均气温 /℃（℉）	平均低温 /℃（℉）	极端低温 /℃（℉）	降水量 /mm（英寸）	相对湿度 /（%）	平均降水日数（≥ 0.1 mm）	日照时数 /h
10	34.4 (93.9)	22.7 (72.9)	17.7 (63.9)	13.9 (57)	1.3 (34.3)	92.0 (3.622)	78	9.3	161.2
11	30.4 (86.7)	16.5 (61.7)	11.4 (52.5)	7.6 (45.7)	−7.1 (19.2)	51.8 (2.039)	76	8.0	144.3
12	23.3 (73.9)	10.8 (51.4)	6.0 (42.8)	2.3 (36.1)	−10.1 (13.8)	26.0 (1.024)	74	6.6	136.5
全年	39.6 (103.3)	21.1 (70)	16.6 (61.9)	13.1 (55.6)	−18.1 (−0.6)	1269.0 (49.961)	77.5	124.7	1,928.6

数据来源：中国气象局国家信息气象中心

第二节　基本研究方法介绍

目前研究城市气候一般采取实测对比法、遥感技术、GIS 平台技术、计算机数字模拟技术和风洞试验的方法。

一、实测对比法

实测对比法是学者长期使用的方法，通过收集大量的观测资料，进行多种方式的比对分析，最终得出一系列城市气候研究的结论。观测的方法有在近地面的不同高度安装仪器定点观测，利用直升汽车、飞机、探空气球、捕获气球等进行移动观测，还有用烟气活动观察上风方向、下风方向气流变化的情况，并用电影、录像或离子示踪器进行观测。分析的方法主要采用对比法：①历史对比法，对某些发展得比较快的城市，对比其多年气候资料，分析城市化前后和发展过程中气候变化的情况；②周末与工作日对比法，人类活动对城市气候的影响在周末与工作日不同，通过对比某些气象要素的差异

35

来寻找不同时段城市气候的差别;③城郊对比法,应用城市气象资料与郊区同时间观测的资料进行比较,其结果可作为城市发展对气候影响的重要标志;④不同性质下垫面对比法,在进行城市覆盖层的辐射、温度、湿度和风速等方面的研究时,人们会将城市下垫面按不同功能、土地利用类型、建筑密度、植物覆盖率等进行分类观测,以揭示城市覆盖层的气候特征和形成原因。

二、遥感技术的应用

遥感技术是 20 世纪 60 年代在现代物理学(如光学、红外、微波、雷达等)、计算机技术、空间技术等支持下形成的一门综合性探测技术,在地理学和环境学方面应用广泛。

利用人造卫星和红外辐射仪观测温度,用雷达来观测城市地区降水形成过程,用激光雷达来测量城市上空的逆温层和微尘、凝结核的分布等,用遥感仪器观测温度以描绘出地面不同景观区的等温线图。随着遥感图像空间分辨率和辐射分辨率的提高,以及遥感数据源的多样化,遥感方法在城市热环境研究中得到越来越多的应用。目前利用遥感技术研究城市热环境的方法可分为三种。一是基于温度的监测方法。热红外遥感探测到的是以像元为单位的城市下垫面辐射温度(简称亮温),但由于地表热辐射在传导过程中受到大气和辐射面的多重影响,卫星遥感所观测到的热辐射强度已不再是单纯的地表热辐射强度(即地表真实温度)。目前,基于地表温度的监测方法,一般是通过一些简化方法来获取诸如辐射率、大气参数等参数以求取地表温度的。二是基于植被指数的监测方法。盖洛(K. P. Gallo)等人首次运用由 AVHRR 数据获得的植被指数估测了城市热岛效应在引起城乡气温差异方面的作用。但是,此方法也存在着局限性:①研究区域城乡之间的高程差不能超过 500 m;②冬季基本无绿色植被覆盖,因此不适用;③干旱气候条件下的城市地区不适用。三是基于“热力景观”的监测方法。陈云浩等人建立了基于“热力景观”的监测方法。在 GIS 和遥感技术的支持下,他们用景观的观点来研究城市热环境,对上海市热环境的空间格局和动态演变特征进行了分析,取得了良好的效果。

三、边界层模型数字模拟法

根据相关的热力学方程、动力学方程,代入由城市实测和勘察得来的有关气象数据和城市地形、地貌数据,建立城市热岛、城市热岛环流、城市大气污染物的扩散和城市逆温层分布等数学模型,采用计算机模拟的方式,从热力、动力等方面对城市气候作定量分析研究。目前应用比较广泛的数字模拟法为中尺度模拟法。例如,WRF 模拟法,它是由美国环境预测中心(NCEP)、美国国家大气研究中心(NCAR)等科研机构着手开发,并于 2000 年开发出的气象预报模式。WRF 模式分为 ARW(the advanced research WRF)和 NMM(the nonhydrostatic mesoscale model)两种,即研究用和业务用两种形式。又如 MM5 模式,它是近年由美国国家大气研究中心和美国滨州大学(PSU)联合研制开发的中尺度数值预报模式,已被广泛应用于各种中尺度现象的研究。CFD,即计算流体动力学,是近代流体力学、数值数学和计算机科学结合的产物。科学家们通过建立城市数字模型,利用 CFD 软件将数字模型放入模拟风洞中,以研究城市大气环境对热环境的影响及热场的空间热力学机制。

上述各种方法各有其优势和不足。实测对比法更能体现所在环境的真实状况,但范围的局限性非常明显;遥感方法能够获取空间上连续的地表温度信息,获得热岛的空间分布模式及地表土地覆盖、植被指数等信息,但获得瞬时地表信息在时间上不连续;边界层模型数字模拟法可以得到热岛在时间上的变化规律,描述城市热岛形成的物理过程,但要客观地模拟现实,对模型本身的精度和输入参数的精度有较高的要求,这是亟待解决的一大难题。

第三节 本书采用的研究方法介绍

本书是针对武汉城市热环境进行的研究,既要对现状进行深入的了解,又要对未来发展进行预测,还要给出合理的解决方法。故本书选取了定点、移动实测法和中尺度气象模拟的方法。

一、定点、移动实测法

为了详尽了解研究区域的城市热环境现状,取得第一手真实资料,本书采取了定点和移动实测的方法进行数据采集,然后采用工作日与公休日对比、城市与郊区对比的方法,进行城市热环境现状的研究。

(一)仪器、地点、时间、路线、方法简介

定点测试时,笔者将黑球温度仪、温湿度自记仪等设备置于华中科技大学建筑与规划学院院楼楼顶和城市东南部市郊的汽车公园处,华中科技大学基本不受瞬时人为因素影响,汽车公园处为湖北省气象中心的实测点,两处均可保证结果的持续性和稳定性。

移动实测时,笔者采用的主要仪器包括汽车、黑球温度仪、温湿度自记仪、便携式电脑、摄像机等,组装方式见图 3-1。

图 3-1 野外测试仪器组装图

由于模拟实验选择的时间为夏季,而武汉市夏季的主导风向为东南风,本次定点和移动实测均位于夏季城市上风区位(城市东南部),移动测试路线为南北向和东西向的两条城市主干道。

第一条 A 主干道:轴向为东西偏南北 20°,东起高新大道与城市三环线交点,沿途经过高新大道、雄楚大道、津水路、首义路、张之洞路,止于张之洞

路的端点,即武昌临江大道南部端头处。此段道路东端为植被状况较好的城市边缘区,沿途经过新技术开发区、城乡混居区、学府区、居住区、商务区,直至城市的中心高密度区(江边),总长约 18.3 千米,详见图 3-2。该路段下垫面形式丰富,空间形态变化较多,明显地体现出长江流域大城市的特点,具有一定的代表性。

第二条 B 主干道:轴向为南北偏东 15°,即南起珞狮南路与城市三环线的交叉点,途径珞狮路、武珞路、中南路、洪山路,止于洪山路东端与天鹅路的交界处,即东湖一隅,总长 14.6 千米,详见图 3-2。此段道路南端为植被较好、水面丰富的城市边缘区,途径城郊空地、湖泊、学府区、居住区、城市高密度商业区、省政府所在地。沿途下垫面形式较为丰富,空间形态变化较多,明显地体现出大城市边缘区至中心城区的地貌特征,具有一定的代表性。

图 3-2 实测线路图

移动实测时间定在了 2011 年夏季的 8 月 13、15 日,2012 年冬季的 1 月 1、9 日和 2012 年夏季的 7 月 22、23 日的清晨、中午、晚上,共 6 天 18 个时间段。测定的项目见表 3-2,实测主要内容为测量沿途温度、相对湿度、辐射温度等。

表 3-2 实测项目表

序号	测定位置	测定项目	记录频率	测定装置
1	华中科技大学建筑与城市规划学院楼顶	温度	10 秒/次	温湿度自计议
2		相对湿度	10 秒/次	温湿度自计议

续表

序号	测定位置	测定项目	记录频率	测定装置
3	汽车公园气象监测点	温度	10 秒/次	温湿度自计议
4		相对湿度	10 秒/次	温湿度自计议
5	雄楚大道及延长段路狮路—中南路及延长段	温度	10 秒/次	温湿度自计议
6		相对湿度	10 秒/次	温湿度自计议
7		黑球温度	10 秒/次	黑球温度自计议

注:1. 华中科技大学建筑与城市规划学院楼顶高 20 m,郊外汽车公园监测点高 1.5 m。

2. 移动测试温湿度自记仪、黑球温度自计议搁置于小轿车顶部,高度近 2 m。

实测时间段内天气晴朗、太阳辐射较强,天空基本没有云层遮挡,整个气候环境是很典型的夏热冬冷地区的夏季、冬季气候。定点实测及武汉市气象台公布的气象数据见表 3-3。

表 3-3　定点实测及武汉市气象台公布的气象数据

时　　间		风力	风向	汽车公园温度(市郊气象点)	相对湿度	华中科技大学温度
2011 年8 月 13 日(休息)	5:00—6:30	2 级	南风	27 ℃	75%～80%	27.4 ℃
	12:00—13:30	3 级	西南	33 ℃	59%～63%	33.75 ℃
	21:00—22:00	2 级	偏南	30～29 ℃	69%～70%	32 ℃
2011 年8 月 15 日(工作)	5:00—6:30	3 级	西南	30 ℃	72%～73%	29 ℃
	12:00—13:30	4 级	西南	33 ℃	57%～59%	34 ℃
	21:30—23:00	1～2 级	南	31 ℃	86%～91%	33 ℃
2012 年1 月 1 日(休息)	6:00—7:00	1 级	东南	0 ℃	95%	2.9 ℃
	13:00—14:00	2 级	南	9.7 ℃	33%	8.3 ℃
	22:00—23:00	1 级	东	−0.3 ℃	65%	2.6 ℃
2012 年1 月 9 日(工作)	6:00—7:00	2 级	北	2.2 ℃	71.5%	4 ℃
	13:00—14:00	1 级	东	7.3 ℃	52%	8.6 ℃
	21:00—23:00	1 级	西北	−0.9 ℃	53%	4 ℃

续表

时　　间		风力	风向	汽车公园温度 （市郊气象点）	相对湿度	华中科技 大学温度
2012 年 7 月 22 日 （休息）	6:00—7:00	1 级	东	29 ℃	95%	29 ℃
	13:00—14:00	2 级	东南	34.6 ℃	61.5%	34～35 ℃
	21:00—23:00	2 级	北	31 ℃	87%	31 ℃
2012 年 7 月 23 日 （工作）	6:00—7:00	2 级	东北	28.3 ℃	90%	28 ℃
	13:00—14:00	2 级	东	35.1 ℃	63%	35.5 ℃
	21:00—23:00	2 级	东北	30.8 ℃	80%	31 ℃

　　为了更清楚、准确地反映城市的温度梯度变化特征和热岛效应，本次测试分别安排了周末公休日和平常工作日。测试过程中车速基本保持在 25～30 km/h。实测的主要仪器嵌置在轿车顶部的天窗位置。为了避免日光暴晒、周围风向变化和汽车行进过程中空气涡流的影响，温湿度自记仪被放置于双层不锈钢套筒中，套筒下部为高 40 cm 的透空支架。每次测试前必对摄像机、电脑、黑球温度仪、温湿度自记仪及汽车时钟一并进行时间校正，以保证所有仪器时间的一致性。

（二）数据处理

　　依据日气温变化规律，笔者在排除人为因素的条件下，设定背景点（华中科技大学建筑与城市规划学院楼顶测试点和市郊汽车公园）的温度变化和待测点（实测线路上各点）的温度变化趋势相同（图 3-3）。由式（3.1）可计算出实测线路上不同区位各点某一时刻的温度值。

$$\theta = \theta'_t + (\theta_0 - \theta_t) \tag{3.1}$$

$$\theta_t = \frac{\theta_2 - \theta_1}{t_2 - t_1}t + \left\{ \theta_1 - \left(\frac{\theta_2 - \theta_1}{t_2 - t_1}t_1 \right) \right\} \tag{3.2}$$

θ 为移动测试某时刻修正值；

θ'_t 为 t 时刻移动测试测定值；

θ_0 为背景点基准时刻测试值；

θ_t 为背景点 t 时刻测试值。

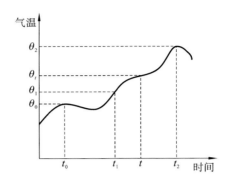

图 3-3　移动测试温度值时刻补正

二、中尺度边界层模型数字模拟法

（一）基本原理简述

本书采用中尺度数字模拟研究方法，即基于城市冠层模型的中尺度数值气象模拟，亦即 WRF 模式系统。所谓 WRF 模式系统，是美国气象界联合开发的新一代中尺度预报模式和同化系统，目前常用版本亦将单层的城市冠层模型耦合入 WRF 模式中。通过调整城市区域下垫面的参数，如反射率、粗糙度等来反映不同下垫面对大气的作用。此模式的运用考虑了城市的几何特征、建筑物对辐射的遮挡以及对短波和长波的反射作用等。模型的基本特征包括边界层物理特征，地表层物理特征，表面物理特征，微物理过程，长波、短波辐射特征以及 LSM 的应用，数学模型如式（3.3）。

$$C(\theta)\,\frac{\partial T}{\partial t} = \frac{\partial}{\partial z}\Big[K_t(\theta)\,\frac{\partial T}{\partial z}\Big] \tag{3.3}$$

其中，T 为土壤的温度；

C 为单位体积的热容$[J/(m^3 \cdot K)]$；

K_t 为热导率$[W/(m \cdot K)]$。

C 和 K_t 分别由式（3.4）、式（3.5）表示。

$$C = \theta C_{water} + (1 - \theta_s)C_{soil} + (\theta_s - \theta)C_{air} \tag{3.4}$$

此处单位体积热容为 $C_{water} = 4.2 \times 10^6\ J/(m^3 \cdot K)$，$C_{soil} = 1.26 \times 10^6\ J/(m^3 \cdot K)$，$C_{air} = 1004\ J/(m^3 \cdot K)$。

$$K_t(\theta) = \begin{cases} 420\exp[-(2.7+P_f)], & P_f \leqslant 5.1 \\ 0.1744 & P_f > 5.1 \end{cases} \qquad (3.5)$$

此处 P_f 为

$$P_f = \lg[\Psi_s(\theta_s/\theta)^b] \qquad (3.6)$$

此处 Ψ_s、b 是取决于土壤类型的饱和土壤潜力和曲线拟合参数

$$\frac{\partial \theta}{\partial t} = \frac{\partial}{\partial z}\left(D\frac{\partial \theta}{\partial z}\right) + \frac{\partial K}{\partial z} + F_\theta \qquad (3.7)$$

式(3.7)为水文模型的预测方程，D、K 为土壤水扩散率和导水率，它们两个是 θ 的函数。F_θ 代表源与汇，即土壤的降水、蒸发和径流量。

D、$K(\theta)$ 和 $\Psi(\theta)$ 见下式：

$$D = K(\theta)\frac{\partial \Psi}{\partial \theta} \qquad (3.8)$$

$$K(\theta) = K_s(\theta/\theta_s)^{2b+3} \qquad (3.9)$$

$$\Psi(\theta) = \Psi_s \bigg/ \left(\frac{\theta}{\theta_s}\right)^b \qquad (3.10)$$

K_s 为土壤的饱和导水率。

水的蒸散模型见式(3.11)。

$$E = E_{dir} + E_c + E_t \qquad (3.11)$$

其中，E 为总蒸发量；

E_{dir} 为直接蒸发量；

E_c 为被植物拦截蒸发量；

E_t 为由叶和根部的发散量。

参数由式(3.12)至式(3.16)定义。

$$E_{dir} = (1-\sigma_f)\beta E_p \qquad (3.12)$$

$$\beta = \frac{\theta_1 - \theta_w}{\theta_{ref} - \theta_w} \qquad (3.13)$$

$$E_c = \sigma_f E_p \left(\frac{W_c}{s}\right)^n \qquad (3.14)$$

$$\frac{\partial W_c}{\partial t} = \sigma_f P - D - E_c \qquad (3.15)$$

$$E_t = \sigma_f E_P B_C \left[1 - \left(\frac{W_c}{S}\right)^n\right] \qquad (3.16)$$

其中，E_p 为潜在蒸发量；

σ_f 为绿色植被覆盖部分；

θ_{ref} 为土壤毛细含水量；

θ_W 为蔫萎点；

W_c 为拦截树冠含水量；

S 为树冠最大容量；

D 为过量降水或滴水量；

P 为总降水量；

B_c 为树冠阻力的函数；

$n=0.5$。

（二）边界条件设定

本书就武汉城市土地扩展对热环境影响进行量化研究，即第四章的模拟验证、第五章的用地强度变化研究、第六章的用地扩展研究，趋向于国内学者刘卫东在空间范畴上进行界定的观点，即以城市环线作为划分依据，将大城市郊区分为两个或三个圈层空间：以城市核心部位（中心城区）为高用地强度区、以中间圈层（主城区）为中等用地强度区、以外圈层（边缘区）为低用地强度区。

为了合乎 WRF 对城市冠层模型设定条件的要求，笔者对武汉市进行了三级建设用地强度的划分：以武汉外环高速路作为城市边缘区外边界；考虑到城市交通环线的分割作用和行政区划的完整性，将城市二环线以内设定为中心城区；将二环线以外、三环线以内设定为主城区，三环线以外至外环线以内设定为边缘区。武汉三环线范围内总面积为 684 平方千米，外环高速路范围内总面积为 2215 平方千米。由于设备、人员配置、时间等局限性，研究针对的城市用地下垫面的扩展范围主要界定在长江以东的城市南部地区，具体位置见图 3-4 中的阴影部分。该区域西临长江，外延至城市边界的生态发展区，是武汉市十一五规划的重点发展区，涵盖了两个新城组群，即东南新城组群和南部新城组群。后续在进行通风廊道模式的研究时将会对用地圈层或强度进行调整，详见本书第七章。

表 3-4 为 U. S. Geological Survey 提供的 USGS-24 类全球土地利用信

图 3-4　城市环线、用地强度、扩展范围区示意图

息数据,这些数据是地表下垫面状况的基本参数设定值,笔者的研究就是在参数值的修改上进行的。

表 3-4　USGS-24 类全球土地利用信息数据

Vegetation Integer Identification	Vegetation Description	Albedo /(%)		Moisture Avail /(%)		Emissivity /(% at 9 μm)		Roughness Length /cm		Thermal Inertia	
		Sun	Win	Sun	Win	Sun	Win	Sun	Win	Sun	Win
1	Urban	15	15	10	10	88	88	80	80	0.03	0.03
2	Drylnd. Crop. Past	17	23	30	60	98.5	92	15	5	0.04	0.04
3	Ing. Crop. Past	18	23	50	50	98.5	92	15	5	0.04	0.04

续表

Vegetation Integer Identification	Vegetation Description	Albedo /(%)		Moisture Avail /(%)		Emissivity /(% at 9 μm)		Roughness Length /cm		Thermal Inertia	
		Sun	Win	Sun	Win	Sun	Win	Sun	Win	Sun	Win
4	Mix. Dry/ Ing. C. P	18	23	25	50	98.5	92	15	5	0.04	0.04
5	Crop. /Grs. Mosaic	18	23	25	40	99	92	14	5	0.04	0.04
6	Crop. /Wood Mosc	16	20	35	60	98.5	93	20	20	0.04	0.04
7	Grassland	19	23	15	30	98.5	92	12	10	0.03	0.04
8	Shrubland	22	25	10	20	88	88	10	10	0.03	0.04
9	Mix Shrb /Grs	20	24	15	25	90	90	11	10	0.03	0.04
10	Savanna	20	20	15	15	92	92	15	15	0.03	0.03
11	Decids. Broadlf	16	17	30	60	93	93	50	50	0.04	0.05
12	Decids. Needlf	14	15	30	60	94	93	50	50	0.04	0.05
13	Evergrn. Braodlf	12	12	50	50	95	95	50	50	0.05	0.05
14	Evergrn. Needlf	12	12	30	60	95	95	50	50	0.04	0.05
15	Mixcd Forest	13	14	30	60	94	94	50	50	0.04	0.06
16	Water Bodies	8	8	100	100	98	98	01	01	0.06	0.06
17	Herb. Wetland	14	14	60	75	95	95	20	20	0.06	0.06

续表

Vegetation Integer Identification	Vegetation Description	Albedo /(%)		Moisture Avail /(%)		Emissivity /(% at 9 μm)		Roughness Length /cm		Thermal Inertia	
		Sun	Win	Sun	Win	Sun	Win	Sun	Win	Sun	Win
18	Wooded wetland	14	14	35	70	95	95	40	40	0.05	0.06
19	Bar. Sparse Veg	25	25	2	5	85	85	10	10	0.02	0.02
20	Herb. Tundra	15	60	50	90	92	92	10	10	0.05	0.05
21	Wooden Tundra	15	60	50	90	93	93	30	30	0.05	0.05
22	Mixed Tundra	15	55	50	90	92	92	15	15	0.05	0.05
23	Bare Gmd Tundra	25	70	2	95	85	95	10	5	0.02	0.05
24	Snow or Ice	55	70	95	95	95	95	5	5	0.05	0.05

本书拟研究选择的中心点坐标为 114.30 E,30.50 N。

Domain1:水平陆地范围为 247 860 平方千米,东西向 459 千米,南北向 540 千米,分辨率 4.5 千米,该区域范围内的气象状况为 Domain2 提供边界条件。

Domain2:水平陆地范围为 27 540 平方千米,东西向 153 千米,南北向 180 千米,分辨率 1.5 千米,该区域范围内的气象状况为 Domain3 提供边界条件。

Domain3:包含武汉市主城区,水平陆地范围为 3060 平方千米,分辨率 0.5 千米。

模拟区域范围的 3 个 Domain 关系及武汉市 Domain 范围界定见图 3-5 和图 3-6。其中 Domain1 基准点 A 的坐标为 29.26 N,112.9 E;Domain2 基准点 B 的坐标为 29.84 N,113.51 E;Domain3 基准点 C 的坐标为 30.31 N,114.03 E;垂直方向上,三层 Domain 均为 20 千米。

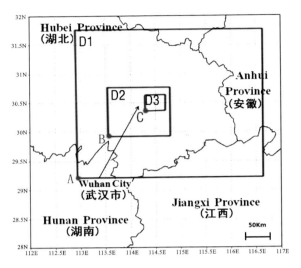

图 3-5　研究模拟区域三个 Domain 关系图

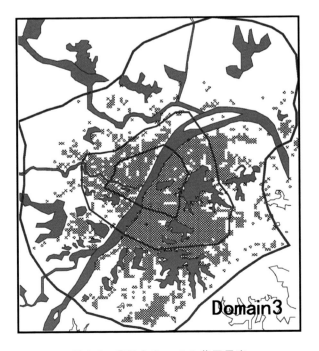

图 3-6　武汉市 Domain3 范围界定

本书以 U. S. Geological Survey 数据为基础，根据武汉市的城市发展近况进行修改，并利用城市冠层模型实现城市内土地利用类别的区分。其他数据参照了武汉市规划局提供的《武汉市主城区用地建设强度管理规定》。经过边界条件的设定和 NECP/NCAR 全球气象数据的采集，形成研究需要的气象数据情景模式，输入需要模拟时段的气候数据，将其作为情景模式的初始值，然后对研究案例进行模拟计算。对于现状气象条件的模拟，一是为与移动实测的数据进行比对，以证明模拟研究方法的可行性，二是为后续研究做基础案例准备。

第四章 武汉城市热环境
实测现状研究

为了深入地了解武汉市城市热岛效应的实际状况及产生的原因,以及城市中心区至边缘区温度的梯度变化,本书选择以武汉城市发展主要扩张区位的东南部为研究对象,同时对位于夏季主导风向上风向区位的两个路段进行移动实测,并选择在冬、夏两季具有代表性气候特征的日子里进行。通过采集温湿度、辐射温度、风速风向等数据,并对数据进行处理,真实地展示出实测日早、中、晚时刻城市中心区至城郊的气温状况,通过对实测结果进行分析,得出客观的结论。

第一节 基于实测的武汉市夏季
热环境现状研究

一、雄楚大道及延长段夏季工作日及公休日的热环境 比较

雄楚大道及延长段的测试在 2011 年 8 月 13 日(周六)、8 月 15 日(周一)进行。

(一) 清晨数据的分析与比较

如图 4-1 所示,我们看到在清晨五六点的时间段,两天的中心城区温度均比市郊高 1.0～2.0 ℃。A1 区域为测试路段上高、低层住宅混合的城乡混杂区,是城市中心区与郊区的交界处,有早市在此定点进行,人为耗能比其他处大。此处明显表现出温度发生突变的趋势,为温度拐点处。清晨,太阳辐射刚刚开始,城市下垫面的蓄热也基本为一天最低值,此时的人工耗能

对城市热环境的影响非常明显。城市中心地段临江片区本该有的江面对城市的降温作用并不明显，拐点基本上没有出现。由于清晨城市里的人为因素较少，城市经过了整晚的散热，城市中心区的热岛强度不大。由采集的气象站点的气温数据（见表 3-3）我们可以看出，该时段两天的温差为 3 ℃ 左右，和我们移动测试采集的数据基本吻合。

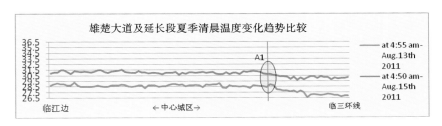

图 4-1　雄楚大道及延长段夏季清晨温度变化趋势比较

（二）中午数据的分析与比较

如图 4-2 所示，两天的市内平均温度分别在 35.5 ℃、36.5 ℃ 左右，而定点气象站点数据均为 33 ℃，两天的热岛强度分别为 2.5 ℃、3.5 ℃。两天均在距长江约 1.5 千米处出现气温拐点 B_1，拐点向西的地段气温呈下降趋势，温差（热岛强度）可达 2~3 ℃；B2 是正午市郊温度下降的拐点处，位于雄楚大道与关山大道的交叉路口，在城郊分界段上，这一方位的温差小于 2 ℃，同清晨温度拐点位置相比外移（向市郊方向）了将近 2 千米。由此我们认为，白天江水的高蓄热性（热惯量）和凉爽江风对中心城区的影响比郊区陆地绿化较好的自然下垫面对中心城区的影响要大。气象站点的温度图显示，13日中午气温基本等同于 15 日，而在实测图中，15 日整条曲线的温度变化趋

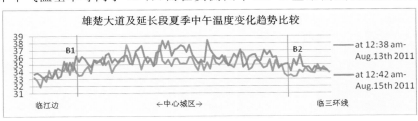

图 4-2　雄楚大道及延长段夏季中午温度变化趋势比较

势图均出现了超越的现象,这明显反映出日常工作日人工耗能(汽车排放、空调运转、照明等)增强了城市的热岛效应。

(三)晚上数据的分析与比较

如图 4-3 所示,两天晚上市内的平均气温分别在 33.5 ℃、35 ℃左右,与郊外气象站点(参见表 3-3)温度值比较,热岛强度均达到了 4 ℃。温度拐点 C2 的位置与中午 B2 的位置相比没有明显变化。由于土壤的散热性能好于人工下垫面,郊外温度变化体现得比较明显,温差在 2~3 ℃。由于江面与人工下垫面蓄热性的差异,C1 左侧温度依然低于右侧,但由于夜间江水释放了日间所蓄的热量,虽然有江风的影响,但此处的温差并不明显,仅为 0.5~1 ℃。在此段,我们还看到了一个非常有趣的现象,临江边 1.5~2 千米范围内(即 C1 左侧),气温曲线几乎重叠,C2 右侧温度变化趋势(东端线段)则与当时气象站点的气温状况基本吻合,即两天存在 1.5 ℃左右的温差。我们由此可推断出,江边两天气温重合现象的产生是因为江风与江面水温的控制作用,且这种作用覆盖了近 1.5 千米范围内的区域。

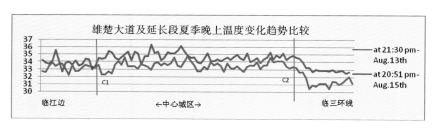

图 4-3　雄楚大道及延长段夏季晚上温度变化趋势比较

(四)特殊情况的数据分析

在两天 6 个时间段的测试与数据整理过程中,我们发现了一些曲线变化较为特殊的情况,如图 4-4 中的 D、T′、S′ 等。经核实,这些区间内出现了城市空间形态或现场情况的突变。例如,D 区路段马路两边为紫阳湖公园和首义广场,绿化情况良好,且空间开敞空旷,空气流动良好,气温在此达到了局部的低点;E 地段道路在武汉理工大学新区的校园大门附近,虽然未达到绿树成荫的状态,但空间非常开阔,T′ 的温度最低点达到 32.7 ℃;F 地段为雄楚大道与珞狮南路交叉路口处,路面宽敞、四面通畅,S′ 的温度最低点达到了

32.85 ℃。在这一条线路上,我们也看到了三次温度峰值:P′处为 37.15 ℃、Q′处为 36.625 ℃、R′处为 37.15 ℃,通过录像记录我们发现,此三点为红灯停车处,大量发动着的汽车及其排放的尾气使得该处气温在极短时间内骤升。就整个 G 区段而言,我们可以看到中午中心城区温度平均值明显高于临江区域和近郊区的温度平均值,但由于不同的空间形态会对城市气温产生较大的影响,城市中心区的温度差值达到了 4 ℃左右,有些点的温度甚至低于市郊,这种状况的产生便源于城市街区建筑的遮阳作用。

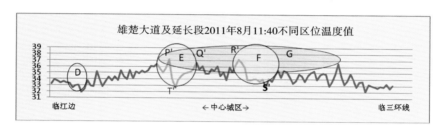

图 4-4　雄楚大道及延长段 2011 年 8 月 11:40 不同区位温度值

(五) 结论

(1) 中心城区:夏季一直都存在热岛现象。清晨,温差为 1~2 ℃;中午,城市与市郊(陆地型)温差可达 2 ℃,城市与江面比较温差可达 3 ℃;晚上与中午的现象相仿,热岛效应达到 3 ℃,而水陆型热岛强度则为 2 ℃,总体来看,时间越晚,热岛现象越明显。

(2) 城市热岛效应的温度拐点在不同时刻区位不同。清晨至中午,拐点从城市中心区向市郊方向外移尤为明显,说明城市中心区热力向边缘区有一定的渗透。中午至夜晚则不明显。

(3) 由于江水的蓄热作用和江风的作用,临江区比城市中心区的其他片区有较为舒适的热环境,这种作用基本能使江边 1.5 千米范围以内的区域气温保持稳定。这为我们城市更新和改造工作提供了一个量化依据。

(4) 将公休日和日常工作日的实测结果进行比较分析可以得出,人为产热对城市热环境平均产生 1~2 ℃的影响,尤其汽车尾气的排放会使气温瞬时明显升高。

二、珞狮路-中南路及延长段夏季工作日及公休日的热环境比较

珞狮路-中南路及延长段的测试在 2012 年 7 月 22 日（周日）、7 月 23 日（周一）进行。

（一）清晨数据的分析与比较

由表 3-3 可以看出，两天清晨的市郊气象点和华中科技大学定点测试的温差在 1 ℃以内。图 4-5 显示两天清晨温度曲线线型基本一致，均体现出了该段路下垫面的差异特征。图中 P1 区域路段为市郊三环线附近的野芷湖段，建筑密度小，湖面占主导地位。由于湖水的比热容大、蓄热量大、散热慢、热稳定性强，经过整夜的缓慢散热，湖水基本能够控制湖面及周边区域的气温，此段温度曲线也基本重合，尽管两天清晨的人工耗能不尽相同（此处主要以车流、用电耗能为主）。P2 区域路段由于沿途道路以东以学府和政府用地为主，土地开发强度较低，绿化较好，建筑高度有限，加之西面为南湖水面，两天的温度曲线仅存在 0.5 ℃左右的温差，与气象站点实测值相吻合。经过对采集数据的对比可以发现，湖滨对周边气温影响最远距离可达 600 米有余。图中 P3 区域位于"高密度聚集""高强度使用""高速增长"的城市用地（居住、商业、金融办公用地）——城市的 CBD 地带，此处两条曲线的温度差距大于等于 1 ℃，这是由于受到了人工耗能的影响，即在公休日清晨，此段的人工耗能大于工作日。就图中来看，公休日清晨中心城区的热岛效应为 1 ℃左右，工作日则表现较弱。由于城郊三环线处为大面积湖面，红色温度曲线在边缘区与中心城区交界处没有像蓝色温度曲线那样明显地表

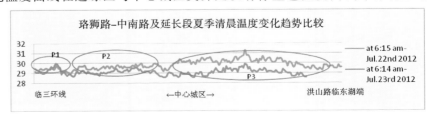

图 4-5　珞狮路-中南路及延长段夏季清晨温度变化趋势比较

现出温度曲线的拐点。而在不同属性的下垫面处，气温值出现了明显的上下波动。两条曲线的尽端（城市的东部东湖地段）的温度变化趋势，也反映出了中心城区湖泊的降温作用。

（二）中午数据的分析与比较

如表 3-3 所示，在两天中午的测试时间，定点气象背景测试值温差为 0.5 ℃左右。由图 4-6 可以看出，两天的温度曲线也大体吻合，且中午时段市区与郊区并无明显的热岛效应，但两条温度曲线波动幅度则比清晨明显，尤其是在 7 月 23 日，其曲线波幅强于 7 月 22 日，由此明显表现出人工耗能（主指车流量）对热环境的影响。P1′区域左半部分为野芷湖及其周边地区，由于其特殊的下垫面，湖水基本控制了该区域的热环境，在两天的同一时间段，该区域温度曲线均基本重合。P1′区域东半部分为南湖水面，在图 4-6 中，该段两条曲线的下弧线变化趋势（见图中虚线）均表现出湖水对周边温度的调控作用。P1′区域与 P2′区域之间为学府区，P2′区域为武汉市著名的三大商业圈之一的中商、武广商圈和中南路金融区，P3′区域为政府办公区。P2′、P3′两个区域在 7 月 22 日、7 月 23 日温度曲线有急剧的波动，明显地反映出在公休日商业区的人工耗能量（照明、空调、汽车）增加，而办公区域则减少；在工作日商业区减少而办公区增加。P3′区域的右侧、温度曲线的末端为东湖之滨，湖水在夏季中午对周边区域的热环境还是有一定的调控作用的。

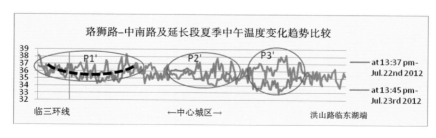

图 4-6　珞狮路-中南路及延长段夏季中午温度变化趋势比较

（三）晚上数据的分析与比较

图 4-7 为晚上的测试曲线。依据表 3-3 中市郊汽车公园气象点和华中

55

科技大学教学楼楼顶两处定点数据,两天实测时刻的气温基本一致,均为31 ℃左右,故图中两条温度曲线大部分重叠完全符合实际情况。该路段温度曲线明显表现出夏季的城市热岛现象:城市中心区温度高、两端(临水)温度低。公休日的晚上,热岛强度在1.5~2 ℃,工作日的晚上,热岛强度略大于2 ℃。P1″区域为两湖所在区域,是野芷湖和南湖的影响范围,忽略车流量及较大空气流量对开敞的主干道十字路口的影响,这一路段的温度变化是基本持平的,可以认为晚上较大水面的热惯性可在一定范围内控制此处的气温。P2″区域为学府区与容积率较低的商住区,这一区段温度曲线呈下弯式弧线,该区域远离了水面对温度的影响,更多地体现出陆地下垫面(开发强度较低、绿化率较高)较好的散热特性。P3″区域为高密度商业和金融圈,此处高楼林立,晚上人工下垫面相互间的热辐射及散热的相互遮挡,影响了该区域热量的散失,使得温度居高不下。P3″区域的右侧为市内水域面积最大的东湖及政府办公区,该区域建筑密度低,绿化良好,温度曲线也表现出良好的变化状态。

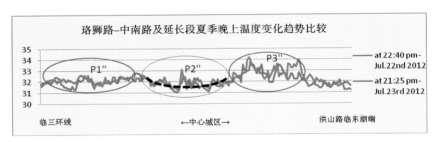

图 4-7　珞狮路-中南路及延长段夏季晚上温度变化趋势比较

(四) 结论

(1) 由整理的数据图可看出,该区域在早、晚存在热岛现象,公休日清晨为1 ℃,比工作日清晨要明显。两天晚上的热岛效应均比较明显,强度在1~2 ℃。中午,由于太阳辐射强烈,热岛效应并不强烈。

(2) 城市下垫面对热环境的影响不可忽视。连片的大面积湖泊在一定范围内控制着区域的热环境,使一定区域内的温度保持在某恒定值。高密度区域晚上的散热性比低密度区域差,两区域温差至少有1 ℃。

（3）通过实测和数据整理我们发现，人工耗能，尤其是汽车尾气的排放和空调、照明用电，在夏季会使气温明显升高，对城市热环境产生 2～3 ℃ 甚至更大的影响。

第二节　基于实测的武汉市冬季 热环境现状研究

一、雄楚大道及延长段冬季工作日及公休日的热环境 比较

雄楚大道及延长段的测试在 2012 年 1 月 1 日（周日）、1 月 9 日（周一）进行。

（一）清晨数据的分析与比较

由图 4-8 我们可以看出，从中心城区至市郊存在温度的梯度变化，但是两条温度曲线尾部的走向并不完全一致。1 月 1 日的热岛强度大于等于 5 ℃，1 月 9 日的热岛强度则接近 3.5 ℃。在表格 3-3 中我们可以看到，在 1 月 1 日的清晨，市郊气温比 1 月 9 日低 2.2 ℃，植被条件较好的华中科技大学在 1 月 1 日的温度也比 1 月 9 日低 1.1 ℃。按照上一节对图 4-1 夏季清晨曲线的解释，图 4-8 中的两条曲线应保持 1～2 ℃ 的距离平行移动，但实际情况是，1 月 1 日的温度曲线与 1 月 9 日的温度曲线绝大部分重合，而在尾部出现了明显的差异。通过比对气象数据和核实录像记载，我们认为：特殊

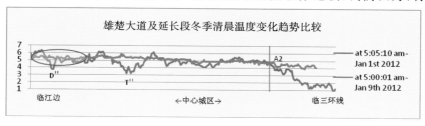

图 4-8　雄楚大道及延长段冬季清晨温度变化趋势比较

公休日(2011 年 12 月 31 日至 2012 年 1 月 1 日)晚上至清晨(新年夜)中心城区人工耗能产生的热量远大于平常工作日中心城区耗能产生的热量,且由于测试当天的风速低、温度低,空气层结比较稳定,城区内热浊的空气不易扩散,因而 1 月 1 日清晨的城市热岛效应十分明显。且两个测试日的拐点位置基本一致,都在 A2 处。冬季清晨江边附近与夏季清晨相似,并没出现温度曲线的拐点。D″、T″为开敞地段的温度突变,表现出空气流通的降温作用。

(二)中午数据的分析与比较

由图 4-9 可知,冬季工作日的中午,城市的热岛效应并不十分明显,热岛强度接近 1.5 ℃,温度曲线拐点位置 B2-3 较夏季略向东部市郊外移。但冬季公休日的温度拐点 B2-2 位置则非常反常,并没出现在城市与郊区的临界处附近,而是出现于城区内部,在雄楚大道的花卉市场附近,即城市二环线外边缘处,与工作日实测的温度拐点 B2-3 处相比距离近了 8 千米,且二环线以外的温度甚至低于郊外气象站点的温度,出现了城市冷岛效应,与二环线以内的温度差也达到了 3 ℃(见图 4-9,点 B2-2 左右)。这与冬季日照高度角小、辐射强度较低、人工下垫面高层建筑遮挡了部分阳光辐射有很大关系。反复比对当时的气象和录像数据,我们还发现在 1 月 1 日的中午,城市二环线以外车流量的骤减对城市热岛效应产生了不小的影响,直接导致温度拐点的大距离内移。白天由于受到江面水温和江风的影响,临江区在各日均出现了温度拐点,由于冬季风力更大,其拐点离江边较夏季更远些,距离约为 2.4 千米,这一段的热岛强度则较夏季低,约为 1 ℃。可见长江水面可以缓解城市热岛效应。就距离而言,冬季温度拐点距离大于夏季;但就温差而

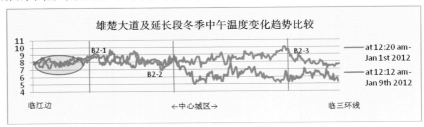

图 4-9　雄楚大道及延长段冬季中午温度变化趋势比较

言,夏季温差明显大于冬季。

(三) 晚上数据的分析与比较

如图 4-10 所示,经过对测试路段东、西两端情况的综合分析,我们发现由于自然下垫面性质的不同,其蒸散量是有很大差异的。西端的有长江段水面经过的城市密集区,冬季城市地表温度为 9 ℃、夏季城市地表温度为 17 ℃左右,昼夜温度变化较东端绿色植被处稳定,故西端临江处温度曲线重叠现象从早到晚均存在,这也可以视为白天太阳辐射使得江水等量蓄热,晚上水面再向城市进行热量释放。由图中可以看出,晚上这种释放作用在 1.5～2 千米范围内能基本控制城市温度。冬季的工作日晚上中心城区与城郊气象站点的数据比较,热岛强度在 5.5 ℃左右,公休日晚上中心城区与城郊气象站点的数据比较,热岛强度在 5 ℃左右。西端临江附近温度拐点不及东端明显,西端热岛强度在公休日不足 1 ℃,工作日几乎没有表现出来。从图 4-1 至图 4-10 中可发现,夏季温度曲线的波幅明显大于冬季温度曲线的波幅,主要原因在于夏季城市温度高,空气动力大,循环流活动频繁,空气粒子呈不稳定状态,而在冬季,则表现为气温较低,空气循环流处于较稳定状态。

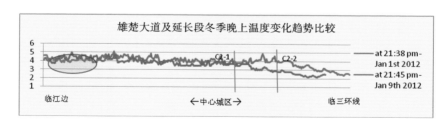

图 4-10　雄楚大道及延长段冬季晚上温度变化趋势比较

(四) 结论

(1) 经分析测试结果可知,武汉市东南区域冬季清晨城市热岛强度可达 5 ℃,一般情况下,冬季城市热岛效应的影响范围较夏季向郊外扩展近 1 千米。公休日清晨中心城区的人工耗能产热与市郊相比差值更大,因此城市公休日清晨的热岛强度较工作日以及夏季清晨均更为明显。经过整晚的散热,冬季清晨的临江区也没有出现明显的温度拐点,江面未能体现出明显的

降温作用。

（2）冬季城市中午的热岛强度较之清晨有所增强，长江水面对城市热岛有一定的控制和缓解作用，冬季较夏季影响范围外扩 1 千米有余。无论冬夏，城市晚上的热岛效应都比其他时段明显，夏季达 3 ℃，冬季在 2 ℃ 左右。由于中心城区及市郊下垫面性质的差异和蒸散量的不同，长江水面在冬季中午和冬夏的晚上能在 1.5～2 千米范围内基本控制城市气温，对城市的热环境起到调节作用，这为我们进行城市更新和改造提供了一个量化依据。

（3）由 1 月 1 日中午的温度拐点位置我们可以看出，特殊休息日车流量的骤减对城市热岛效应产生了不小的影响，大大缩小了城市热岛的范围，降低了环境温度。由此看来，鼓励低碳出行是改善城市热岛效应的举措之一。

二、珞狮路-中南路及延长段冬季工作日及公休日的热环境比较

珞狮路-中南路及延长段的测试在 2012 年 1 月 1 日（周日）、1 月 9 日（周一）进行。

（一）清晨数据的分析与比较

依据表 3-3 可知，1 月 1 日清晨温度明显低于 1 月 9 日，温差达 2.2 ℃。而两日的温度曲线却基本重合，这说明在 1 月 1 日清晨实测时刻之前的一段时间内，城市的人工耗能大于 1 月 9 日。或者也可以说是元旦前夕城市气温的特殊现象。从图中曲线分析来看，在 1 月 1 日清晨，中心城区与城市三环线附近的温差为 2 ℃，但与市郊汽车公园的气象站点比较，温差达到了 5 ℃，即热岛强度为 5 ℃；1 月 9 日清晨的温度曲线显示，中心城区与三环线附近温差在 0.5 ℃ 左右，与市郊汽车公园的气象站点比较，则温差达到了 3 ℃，即热岛强度为 3 ℃。两天之中，三环线附近的温度与更外缘的气象站点温度值都存在 3 ℃ 左右的差值，主要原因在于野芷湖和南湖两大湖面水域的蓄热量大、比热容大、散热慢，水面温度在一定时间内为恒定值，能够影响湖面周边区域的温度，同时也阻隔了其外冷空气的渗入与其内较高温度空气的扩散。这种情况在夏季并不明显。图 4-11 中 V1、V2、V3 区域是沿途空旷地带（V1 为野芷湖与南湖间的两条城市主干道的十字交叉口及华中农业大

学大门前广场处；V2 为武汉理工大学门前广场；V3 为洪山广场），这三处温度突变是空旷地带空气流通的必然结果。

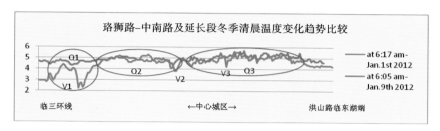

图 4-11　珞狮路-中南路及延长段冬季清晨温度变化趋势比较

（二）中午数据的分析与比较

图 4-12 为 1 月 1 日、1 月 9 日中午时刻珞狮路-中南路及延长段冬季中午温度变化趋势比较图。从表 3-3 中可以看出，市郊汽车公园气象点中午的气温 1 月 1 日较 1 月 9 日高 2.4 ℃，但市区内华中科技大学两日定点测试温度基本持平，由此可以看出工作日（1 月 9 日）的热岛效应涉及的范围更大。将高密度区温度曲线平均值与市郊气象站点的值进行比较，1 月 1 日中午的热岛强度不到 0.5 ℃，1 月 9 日中午的热岛强度达到 2.7 ℃，可见工作日中午的人工耗能更多。图中温度曲线表现出由 Q1′区域（城市近郊）、Q2′区域（学府区）到 Q3′区域（城市商圈及政府办公）小幅攀升的趋势，符合此段城市下垫面开发强度由低到高的特征，密集的城市商圈热岛强度最大，其次为学府区，城市近郊的热岛强度最小。虽然中午的热岛强度不大，但是温度曲线波动幅度比较明显，尤其是中心城区明显表现出人工耗能（此处主要指车流量）对热环境的影响。Q3′区域两日温度曲线的急剧波动和尾部两线的分离，明显地反映出公休日办公区域人工耗能量（照明、空调、汽车等）的减少。

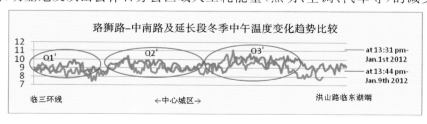

图 4-12　珞狮路-中南路及延长段冬季中午温度变化趋势比较

测试路段的两端均为较大湖面（起始处为市郊，开发强度较低；终点位于中心城区之内，开发强度高），两端两天的温度值均较低，这说明湖面水温基本一致，而且湖面在一定程度上调节了其周边的温度，只是中午的控制范围不及清晨广泛。

（三）晚上数据的分析与比较

由表 3-3 和图 4-13 得出，在 1 月 1 日晚上，郊外气象站点的温度略高于 1 月 9 日，温差为 0.6 ℃。在 1 月 1 日晚上，中心城区的热岛强度大于等于 6 ℃，1 月 9 日也接近 6 ℃。图中两条温度曲线的走势很相似，Q1″区段相对平稳，Q2″区段有小幅波动，Q3″区段波幅比较大。V 点为温度突变点，录像资料显示，此处正有两辆大排量载重车在超车，此处温度骤然上升，也说明了机动车尾气排放是不可忽视的热量。在晚上测试路段的两端，两天的温度值基本持平。

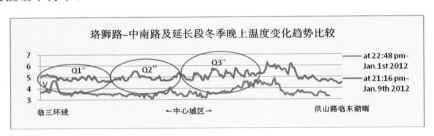

图 4-13　珞狮路-中南路及延长段冬季晚上温度变化趋势比较

（四）结论

（1）城区温度变化受建设用地开发强度的影响更明显。由气象站点的数据和温度变化趋势曲线图可看出，该城市在冬季的早、中、晚均存在一定的热岛效应。冬季晚上的热岛强度最为明显，可达 6 ℃，其次是清晨，中午最弱。冬季气温低、气流稳定性强，且此片区冬季又不在主导风向上（见表 3-3 中的风力、风向），风速小，因此不能很好地带动空气对温度进行调节，并且造成城市空气的污染得不到缓解的状况。

（2）从以上对早、中、晚各时间段的分析可以看到，城市下垫面对热环境的影响不可忽视。连片的大面积湖泊在一定范围内控制着区域内的热环境，使水面周边一定范围内的温度保持某恒定值。虽然水面平坦，便于空气流动,但其对冬季城市废气扩散的影响还需进一步研究。在上述各温度变化趋势图中,城郊交界处没有显现出温度陡变的"拐点",其原因也是受湖泊水面温度的影响。

(3)通过实测和数据整理我们发现,人工耗能,如空调、照明用电,尤其是汽车尾气排放能给城市热环境带来很大的影响。由此看来,节能减排、发展城市公交体系、有效控制机动车增长,是改善城市微气候环境和空气质量的重要举措。

第三节　两条实测路段冬、夏的热环境状况比较

一、雄楚大道及延长段冬、夏工作日及公休日的热环境比较

(一)清晨工作日及公休日的热环境比较

图 4-14 为清晨测试时间雄楚大道及延长段冬、夏温度变化趋势比较图。由图中四条温度线和表 3-3 可见,中心城区温度无论在冬季或夏季均高于市郊,夏季的清晨热岛强度在 1~2 ℃,冬季 1 月 1 日、1 月 9 日分别为 5 ℃和3.5 ℃,明显表现出冬季清晨热岛效应高于夏季的现象。区域 A 为测试路段东部中心城区与郊区的气温曲线拐点处,通过计算得出:冬季的温度拐点较夏季向郊区方向外移了 2.5~3.0 千米。测试路线的西端临江区的拐点并

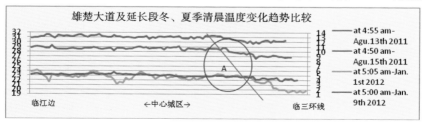

图 4-14　雄楚大道及延长段冬、夏季清晨温度变化趋势比较

不明显,这说明经过了整晚的散热,清晨的江面未能体现出明显的降温作用。

(二) 中午工作日及公休日的热环境比较

图 4-15 为中午测试时间冬、夏温度变化趋势比较图。由温度曲线与市郊汽车公园气象站点的数据比较得知,夏季两日城市的热岛强度分别为 2.5 ℃、3.5 ℃,冬季工作日的热岛强度为 1.5 ℃;冬季临三环线气温拐点位置较夏季略向东部市郊外移(见图 4-15 中的线条 B″)。公休日城市区域内部分路段温度甚至低于郊外气象站点,出现了城市冷岛效应。受江水和江风的影响,冬夏季临江区均出现了温度拐点,夏季拐点位置距江边为 1.6~1.7 千米;冬季拐点则离江面更远些,约 2.4 千米(见图 4-15 中的线条 B′);夏季江边的热岛效应为 2~3 ℃,冬季仅为 1 ℃。由此可见,长江水面中午对城市热岛的缓解作用,就距离而言,冬季距离大于夏季,但就温度而言,夏季温差明显大于冬季。由图中也可看出,中午温度曲线的波动幅度夏季明显大于冬季,主要原因在于夏季城市冠层内部整体温度高,空气呈不稳定状态,循环流活动频繁,而冬季气温较低,空气循环流处于较稳定状态。

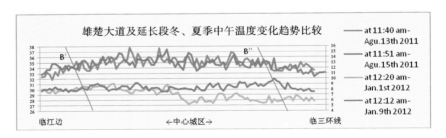

图 4-15　雄楚大道及延长段冬、夏季中午温度变化趋势比较

(三) 晚上工作日及公休日的热环境比较

城市白天吸收贮存的太阳辐射等能量到了晚上将缓慢释放。如图 4-16 所示,夏季晚上的中心城区热岛效应明显,与临江区相比较,热岛强度在公休日为 0.5 ℃,工作日为 1 ℃,与市郊汽车公园气象站点的数据比较,热岛强度均达到了 4 ℃。在冬季工作日的晚上,中心城区与城郊气象站点的数据比较差异则更明显,热岛强度在 5.5 ℃左右,公休日晚上中心城区与城郊气象站点的数据比较,热岛强度在 5 ℃左右,可见冬季晚上的热岛效应大于夏季。但是,临江区的温差变化在工作日几乎没有表现,在公休日也不足 1 ℃。在测试的冬夏两季中,晚上临江区的温度曲线几乎都分别重叠,这说明长江水温和空气流动对周边一定范围内的热环境起着明显的调控作用。从图 4-16 中还可看出夏季晚上的温度拐点较冬季明显,但冬季晚上城市的热岛效应影响的范围则较夏季广泛。

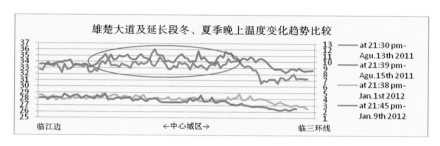

图 4-16 雄楚大道及延长段冬、夏季晚上温度变化趋势比较

二、珞狮路-中南路及延长段冬、夏工作日及公休日的热环境比较

(一)清晨工作日及公休日的热环境比较

参见表 3-3 和图 4-17 可知,此路段夏季两天的清晨热岛强度均不足 1.5 ℃,冬季特殊公休日为 5 ℃,工作日为 3 ℃,由此可见,冬季的热岛效应明显强于夏季。虽然两季的四天各有温差存在,清晨的人工耗能也不尽相同(此处主要以车流、用电耗能为主),但温度曲线分别基本重合,湖水的蓄

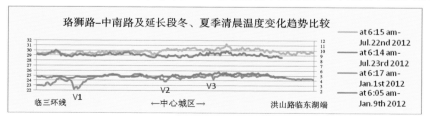

图 4-17 珞狮路-中南路及延长段冬、夏季清晨温度变化趋势比较

热与散热作用使得水面温度在一定时间内基本为一恒定值（冬季为 7 ℃，夏季为 9 ℃），能够控制湖面周边影响区域的温度。图 4-17 中的夏季曲线较好地反映出了城市开发强度对热环境的影响；冬季曲线的突变点，表现出热岛强度较大时，空气流通（开敞地段）对温度的影响是非常明显的。

（二）中午工作日及公休日的热环境比较

图 4-18 为中午该路段温度变化趋势比较图。由表 3-3 和图 4-18 得出，中心城区与市郊汽车公园气象站点比较，7 月 22 日中午热岛强度约为 1.5 ℃，7 月 23 日中午热岛强度约为 1 ℃；1 月 1 日中午测试时段，中心城区的热岛强度不足 1 ℃，而 1 月 9 日达 2.7 ℃。夏季由于强烈的日照，中午时段的热岛强度并不明显，而冬季人工耗能对城市热环境的影响则比较突出。由图 4-18 还可以看出，无论在冬季还是夏季，两对曲线两端的温度值几乎相等，可归结为曲线两端区域内大湖面作用的结果。另外，1 月 1 日此路段城市冷岛效应并不明显。

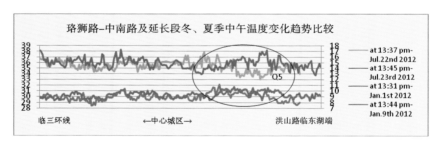

图 4-18　珞狮路-中南路及延长段冬、夏季中午温度变化趋势比较

（三）晚上工作日及公休日的热环境比较

图 4-19 为晚上该地段温度变化趋势比较图。与当时气象站点温度值进行比较发现，7 月 22 日、7 月 23 日晚上，中心城区热岛强度均约为 2 ℃。1 月 1 日的晚上测试时段，中心城区的热岛强度超过了 6 ℃，1 月 9 日也接近 6 ℃。这明显反映出冬季夜晚热岛效应远强于夏季的事实。从曲线的波动幅度、攀升趋势来看，冬季、夏季晚上的城市热环境与其下垫面的开发强度完全照应。冬季、夏季两对曲线两端的温度值也基本相等，这源于曲线两端区域内大湖面的作用。

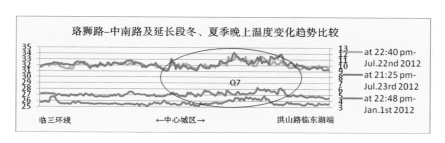

图 4-19　珞狮路-中南路及延长段冬、夏季晚上温度变化趋势比较

第四节　基于实测研究的城市热环境问题总结

城市热环境的改变是由于人类活动对气候的影响，是区域下垫面性质变化、人工耗能、大气污染等造成的城市温室效应的产物。根据对武汉市东南片区的野外实测，我们总结出以下结论。

（1）此次实测的两条路线均由市中心居民区到城市郊区，总长度分别达到了 18.3 千米和 14.6 千米，为中尺度测试，且基本在冬季与夏季的主导风向上（武汉冬季主导风向为北风和东北风，夏季主导风向为东南风和南风），能较完整地反映出夏热冬冷地区城市夏季的温度变化情况。

（2）无论冬季还是夏季，清晨的武汉中心城区均存在热岛效应。由于冬季晚上气温低，空气分子稳定性强，空气向郊外流动相对缓慢，冬季热岛效应非常明显，通常情况下清晨可达 4～5 ℃，甚至更高，而夏季则较弱，在1～2 ℃。中午由于日照强烈，城市的热岛效应在夏季较明显，而在特殊公休日，在高楼林立且人工耗能不大的区域出现了城市冷岛的现象。各季晚上城市的热岛效应均强于其他时段，且冬季晚上明显强于夏季晚上，热岛强度可达到 6 ℃，甚至更高。由实测温度曲线图我们还可以看出，冬季城市热岛在各时段影响的范围要大于夏季。

（3）由于水面特殊的物理性能，江面和湖面在冬季与夏季均能对周边环境起到一定的调节作用，且长江水面的作用力度（温度和风力）和范围（1500米内）均大于湖泊（500 米内）；但与土壤和植被等陆地下垫面相比，水面（尤其是湖面）的蒸散性对城市热空气也起到一定的阻隔作用，使热空气向城郊

散失得慢。这一结论为我们进行城市更新和改造提供了一个量化依据。

（4）人工耗能（此处指耗电和耗油），尤其是汽车尾气排放和空调、照明用电，在夏季会使气温明显上升，对城市热环境平均产生 2～3 ℃甚至更大的影响，这是城市环境恶化不可忽视的问题。

（5）由测试得出的温度曲线图我们看到了一些突变点，从这些点所处的地理位置来看，均为广场、主干道的十字路口等开阔地段。由于空气流通较好，能较迅速地散热，这些地段温度变化的幅度可达 2～3 ℃。故在城市设计中，节点（广场、花园）的合理布局，能有效地改善街区的微气候，这一结果对城市规划、城市景观设计有一定的指导作用。

随着城市人口的不断增加、城市规模的不断扩大，城市热岛效应会越来越突出。如何正视矛盾的存在、采用何种方式来缓解矛盾，是本书后续章节将讨论的问题。

第五节　基于实测的 WRF 模拟验证

基于城市冠层模型的 WRF 模拟是一项非常复杂的工作，包括城市地表参数化及主要参数计算中对太阳短波辐射通量的描述、长波辐射通量的描述，单层城市冠层模式中热通量及动量通量的计算、风速计算、温度计算，WRF 模式中的地形跟随坐标的表达方式、动量方程及其他方程，以及地表热量收支等。具体描述、原理、公式等可参见本书附录，或其他相关 WRF 研究的论著。

针对城市冠层模型的验证，国内外均有学者已经在进行。2001 年，Kusaka 利用城市冠层模型对 1973 年 9 月 9 日至 9 月 10 日时间段内不列颠哥伦比亚省温哥华市（49°N,123°E）的气象数据，如气温、风速和长波净辐射等的实测数据（Nunez 和 Oke 测得）进行了模拟比对，发现墙壁及路面温度的模拟值在早、晚时段的某些时刻存在接近 1 ℃的温度偏差，其他时刻比对值基本吻合。同时，Kusaka 还对日本长滨市的居住区（35°22′N,136°18′E）在 1996 年 7 月 27 日至 7 月 29 日的实测结果（Fujino 测得）进行了比对，模拟与实测结果值显示：墙壁的温度吻合度很高，但路面模拟温度在白天较实测结果低 7.5 ℃左右。Kusaka 解释，模拟结果是街渠内诸区域路面温度的平均值，实测结果是路面中心裸露无遮挡点的表面温度，故温差较大。经过改良方案后，再次模拟的结果与实测值非常吻合。除此之外，还有许多研究人员都做过类似验证，研究都充分证明了此模型的精确性和可靠性。

2007 年，朱岳梅等对东京某居住区实测进行了比对，由于其模拟所采用的城市冠层模型是一维大气计算模型，不能计算水平面上的气流和温度分布，模拟值与具体测量地点的测量数据之间存在误差。另外，现实街区中有大量树木等绿植，但一维城市冠层模型未能考虑树木的遮蔽对太阳辐射以及调节气温的作用，验证时只能按照草地进行计算，所以也会造成误差。研究的结论是，通过比较，城市冠层模型可较好地把握室外温度的变化趋势，可适用于长期动态的室外气候定性分析；一维城市冠层模型只适用于建筑布局相对规整的街区。

华中科技大学的博士周雪帆利用板式模型和城市冠层模型对 2008 年 7 月 26 日武汉市的热环境进行了模拟和比对，见图 4-20。其结论是在清晨至中午时间段内，模拟结果会高于或低于实测结果。因为在白天日照强烈时郊外实测点不存在植被或建筑物的遮挡，所以结果会有 1～2 ℃的误差，而在无日照时间段，人工排热量会导致模拟结果同实测结果出现较明显差异。板式模型与城市冠层模型相比，缺少人工排热量的考量，故城市冠层模型的结果更接近实测值，因此将城市冠层模型应用于城市气候的模拟研究更具有优势。

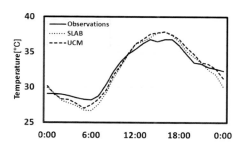

图 4-20　武汉市 2008 年 7 月 26 日实测结果及板式模型、城市冠层模型在气象站点
　　　　(30°37′N，114°08′W)对比结果(源自周雪帆的博士论文)

南京大学的成丹对 2001—2007 年我国长三角区域的气候进行了模拟验证,其结果是夏季和冬季 2 m 气温模拟结果与观测场的空间分布基本一致。降水的模拟结果与观测结果均显示安徽和江苏北部、山东南部、浙江中部处于强降水中心,但是模拟结果中,安徽西部和南部的降水量的模拟值稍偏低,对浙江沿海地区降水量的模拟值稍偏多。验证给出的最终结论为模拟模式分辨率高于观测资料,控制实验模拟的 2 m 气温及降水空间分布结构更精细。综合分析表明,WRF-UCM 模式对实验区域具有较好的模拟能力。

根据武汉市规划局颁布的《武汉城市总体规划(2006—2020 年)》和《武汉市主城区用地建设强度管理规定》,武汉城区的用地强度变化及用地范围扩张区为本书所研究的下垫面变化的范围。按照 WRF 软件的特定要求,在城市现状案例中设定的三个建设用地强度的参数如表 4-1、表 4-2 所示。城市冠层模型各要素(建筑高度、绿地率及人工排热值)等的取值为城市现状的近似平均值。经过数据计算,我们选取了直线 L1(见图 4-21)所示的路段,其起始点 A1 为临江大道与张之洞路交叉点,终点 B1 为高新大道与三环线交叉点,该路段与雄楚大道及延长段(本章节中的移动测试路线)基本平行。模拟时间设定在 2011 年 8 月 12 日—2011 年 8 月 16 日,提取了 8 月 13 日 23:00 的温度数据与 22:00 的实测值进行比较,结果如图 4-22 所示,从中可以看出模拟值与实测值的走向非常相似(模拟中各参数设定均为近似平均值,并不考虑现实的即时性因素)。由特殊地点人工排热的影响造成的温度变化即时性因素较重,故模型模拟中很难做到与实测值完全一致,但这种误差不会影响研究的科学性。通过此验证,我们认为基于城市冠层模型的 WRF 模拟具有精确性和可靠性,符合我们的使用要求。

表 4-1　城市用地强度变化案例设定之一

要　　素	强　　度	案　　例
容积率	强度(一/31)	2.8
	强度(二/32)	2.2
	强度(三/33)	0.5
建筑密度/(%)	强度(一/31)	40
	强度(二/32)	35
	强度(三/33)	15

表 4-2　城市用地强度变化案例设定之二

要　　素	强度(一/31)	强度(二/32)	强度(三/33)
建筑高度/m	21(7 层)	18(6 层)	10(3 层)
绿化率/(%)	30	35	60
城市非绿化用地占比	0.70	0.65	0.40
屋顶宽度/m	55.0	20.0	20
道路宽度/m	20.0	20.0	20
人为热/(W/m²)	90	60	40

图 4-21　实测-模拟验证路线图

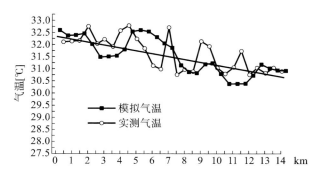

图 4-22　L1 剖线模拟——雄楚大道及延长段实测的气温曲线比较

第五章　武汉城市用地强度变化的热环境研究

　　城市的迅猛"长大",正成为中国城市化进程的一个突出特征。《中国1990—2010年城市扩张卫星遥感制图》显示,整个国家的城市建成区面积在过去这20年中增加了2倍以上,一些城市的建成区面积更是扩张了20倍以上。城市的变化不单是面积上的扩张,更向高空发展着,高密度城市数量随着时间的推移也在节节攀升。有文字记载,上海市的总面积有近7000平方千米,开发强度已经达到36.5%,若扣除崇明、长兴、横沙三岛不宜大规模开发的1000多平方千米面积,则开发强度近50%。北京市的面积是1.6万平方千米,若扣掉不宜开发的1万平方千米的山区,则开发强度是48%。针对如此状况,本章设置了一组以武汉市2020年建设用地目标值为基础(用地范围)的案例,对武汉市边缘区用地强度递增情况进行模拟,以探讨市郊用地强度变化对城市热环境的影响。

第一节　模拟案例设定

　　图5-1是依据谷歌地图绘制的武汉市东南部建设用地现状图,图5-2为武汉市国土资源和规划局制定的2020年武汉市东南部建设用地状况图,黄色环线框内即为下垫面变化主要研究区。根据武汉市规划局制定的《武汉城市总体规划(2006—2020年)》和《武汉市主城区用地建设强度管理规定》,我们将城市划分为三个圈层,也就是三个用地强度区。由于城市中心区用地性质和用地强度变化的可能性不大,我们将研究的核心放在了城市边缘区2020年新增用地强度的变化对城市热环境的影响上,故在这一部分的研究中,设定以城市主干道中的鹦鹉洲大桥-雄楚大道-珞狮路-东湖路-水东路-二七长江大桥(城市二环线)为界的内圈为研究的第一强度区(城市中心区/

高用地强度区），第二圈层为城市二环线与三环线之间的区域（中用地强度区）；第三圈层为城市三环线至城市外环线间的区域（低用地强度区）。我们依据建设强度管理规定，设定城市现状用地案例 Case1 中的一、二、三圈层（一、二、三用地强度区）的容积率、建筑密度为定值（见表 5-1 及表 5-2），将其模拟结果数据作为其他案例的参照值。后续案例 2、3、4 均为 2020 年用地目标值。其中，第一圈层为高开发强度圈层，其容积率和建筑密度设为定值（老城区，发展可能性极小）；而第二、三圈层的容积率、建筑密度等将等位增长（见表 5-3 及表 5-4）。城市用地的其他特征因素，包括建筑高度、绿地率及人工排热值等取固定值（参考 2012 年的《武汉市主城区用地建设强度管理规定》《武汉统计年鉴 2011》和《武汉城市总体规划 2006—2020 年》目标值）。

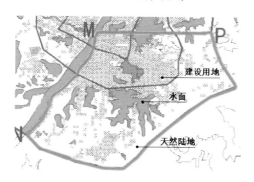

图 5-1　武汉市东南部建设用地现状图

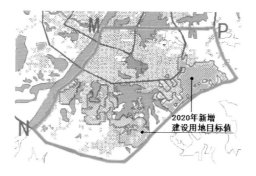

图 5-2　2020 年武汉市东南部建设用地状况图

表 5-1　城市现状用地强度参数设定之一

要素	强度	Case1
容积率	强度（一/31）	2.8
	强度（二/32）	2.2
	强度（三/33）	0.5
建筑密度 /（%）	强度（一/31）	40
	强度（二/32）	35
	强度（三/33）	15

表 5-2　城市现状用地强度参数设定之二

要素	强度（一/31）	强度（二/32）	强度（三/33）
建筑高度/m	21/（7 层）	18/（6 层）	10/（3 层）
绿化率/（%）	30	35	60
城市非绿化用地占比	0.70	0.65	0.40
建筑宽度/m	55.0	20.0	20.0
道路宽度/m	20.0	20.0	20.0
人为热/（W/m²）	90	60	40

表 5-3　城市用地强度变化案例设定之一

要素	强度	Case2	Case3	Case4
容积率	强度（一/31）	4.0	4.0	4.0
	强度（二/32）	2.5	3.0	3.5
	强度（三/33）	1.5	2.5	3.5
建筑密度 /（%）	强度（一/31）	40	40	40
	强度（二/32）	35	42	50
	强度（三/33）	25	42	58
屋顶宽度/m	强度（一/31）	55	55	55
	强度（二/32）	20	25	30
	强度（三/33）	20	33	46

表5-4　城市用地强度变化案例设定之二

要素	强度（一/31）	强度（二/32）	强度（三/33）
建筑高度/m	30/（10 层）	21/（7 层）	18/（6 层）
绿化率/（%）	30	30	30
城市非绿化用地占比	0.70	0.70	0.70
道路宽度/m	20.0	20.0	20.0
人为热/（w/m²）	90	60	40

　　根据中尺度气象模型 WRF 的城市冠层模型特性的限定,我们将一系列的案例取值输入 WRF 的城市冠层模型中,经过数据处理来定量分析城市用地强度与气温、风速、热量收支的关系。

第二节　城市边缘区建设用地强度变化的城市气温状况分析

一、城市区域气温差值比较

（一）5:00 时市域温度差值分析比较

　　为了展示 2020 年城市用地上各种不同热环境与现状的不同,我们将 2020 年用地目标值的不同案例（Case2、Case3、Case4）与现状用地案例（Case1）进行了比较,即 Case2-Case1、Case3-Case1、Case4-Case1,从而更直观地反映出 2020 年的城市与当前城市热环境的差别。

　　图 5-3 是以 2011 年 8 月 13 日 5:00 这一时刻为时间基准点、高度为 2 m 处的 Case2、Case3、Case4 与 Case1 的气温值比较。由图中我们可以看出,城市东南片区（MNP 区域）局部的建设用地面积扩张对城市清晨气温的影响还是比较明显的,增温程度在下垫面性质变化区沿城市的主导风向由强到弱呈锥形延伸,离变化区（MNP 区域的红色部分）越近,温度差值越大。由 Case2-Case1 和 Case3-Case1 可以看出:虽然下垫面用地强度越高,温度差值也越大,但 Case4-Case1 的差值略小于其他两组案例的差值。此现象说明,

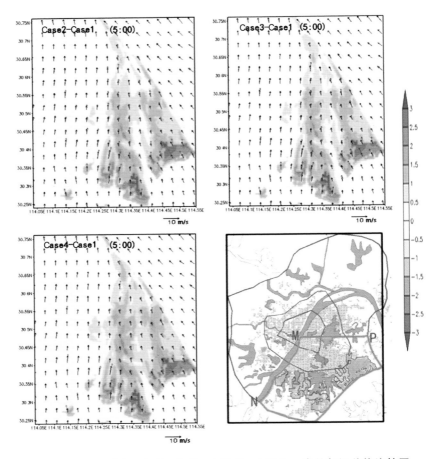

图 5-3　5:00 时 Case2、Case3、Case4 与 Case1 的 2 m 高处气温差值比较图

在用地强度增长达到一定值后,温度不会持续上升,还有可能回落;就边缘区下垫面用地强度对气温的影响而言,有拐点存在。这是由于边缘区用地强度加大,建筑密度增高,城市街区层峡的高宽比增大,建筑的遮阳作用增强,阻挡了太阳对城市冠层内部的辐射,白昼城市冠层内的蓄热也相对减少,街区层峡中的气温值较低,对城市其他区域输送的热量减少。同时由于下垫面的变化,气流受到的摩擦阻力加大,消耗掉一定的热量,从而导致城市温度差值的降低。总之,此时段边缘区用地扩张和强度的改变对城市中心区(东南片区的一环以内)的影响普遍达到了 1 ℃。从图中还可以看出,

76

5:00 时武汉市区域东部由南到北风向也逐渐在发生变化,由南风转为东南风,直接导致温度变化区呈锥形延伸。下垫面性质变化处气温差最大值可达 3 ℃。

（二）14:00 时市域温度差值分析比较

图 5-4 是以该日 14:00 为时间基准点,高度为 2 m 处的 Case2、Case3、Case4 与 Case1 的气温比较。我们看到,除了极少数区域外,其他区域温差只有些微表现,且大多数温差在 0～0.5 ℃,少部分下垫面变化区和高密度

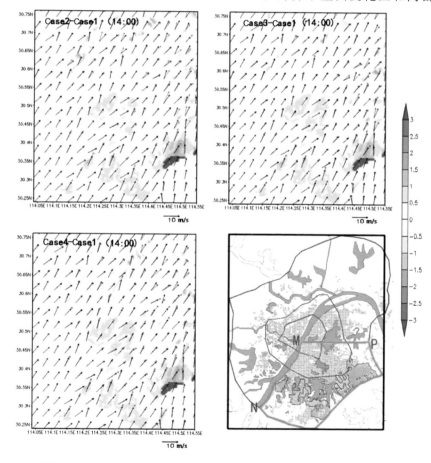

图 5-4　14:00 时 Case2、Case3、Case4 与 Case1 2 m 高处气温差值比较图

区温差在 0.5～1 ℃。中午强烈的太阳辐射决定了城市区域的整体温度,下垫面用地性质和用地强度的变化在此时间段起到的作用较小。图中明显变化点原为市郊绿树成荫(Case1)的小丘陵地,故气温差值非常明显。此刻城市的主导风向为西南风,三个案例的差异不大。

(三) 20:00 时市域温度差值分析比较

图 5-5 是以 20:00 为时间基准点,高度为 2 m 处的 Case2、Case3、Case4 与 Case1 的气温差值比较。由图中可看出,城市东南片区(MNP 区域)局部的建设用地面积扩张与强度变化对整个城市气温的影响比其他时段都要明

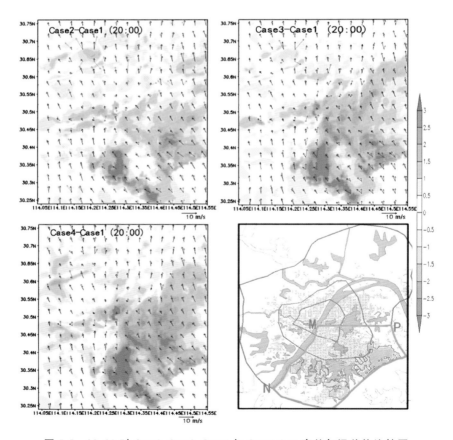

图 5-5　20:00 时 Case2、Case3、Case4 与 Case1 2 m 高处气温差值比较图

显，已波及了城市的大部分区域，其范围和气温的增加值随着各案例用地强度的增强而加大，温度变化最明显的区域在下垫面性质变化区（MNP 区域的红色部分），最高温差值超过了 3 ℃。通过观察风环境的模拟结果我们发现，20:00 左右城市风系最明显，风速最小、风向多变，从而影响了整座城市的气温变化。笔者的结论是，这种情况与此刻的风环境有直接的关系。

（四）23:00 时市域温度差值分析比较

图 5-6 是以该日 23:00 为时间基准点，高度为 2 m 处的 Case2、Case3、Case4 与 Case1 的气温比较。由图中可看出，第一，此时温差值最明显的是

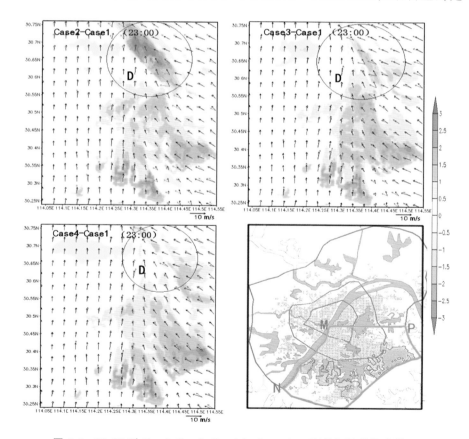

图 5-6　23:00 时 Case2、Case3、Case4 与 Case1 2 m 高处气温差值比较图

城市的北部下风向处，温差竟表现为负增长（此现象在 20:00 时已有表现），Case2-Case1 最明显处达到了－2.5 ℃。随着案例中变化区域用地强度的增强，气温下降区（城市北部）面积逐渐缩小，这种现象与风环境造成的下垫面的散热有很大的关系。不同案例中的下垫面变化区（MNP 区域的红色部分）下垫面的改变产生的热动力不同，影响了空气流动的方向和速度，即 Case2、Case3 中的 D 区获得的热能较 Case1 少，故此区域出现了气温的负增长，Case4 中的 D 区获得的热能与 Case1 接近，但其风向发生了变化。第二，市域内温度变化次明显的是下垫面性质变化区域（MNP 区域的红色部分），温差值略小于 5:00 时。第三，城市的高密度区（一环附近区域）温差值为 1.5～2.0 ℃，且随着用地强度的增加温差反而变小，明显表现出城市冠层的遮阳作用和随着城市密度增高，空气摩擦阻力加大的特点。第四，下垫面变化区用地强度的改变并不与其温差值呈正向对应，在 Case2-Case1 和 Case3-Case1 中我们可以看到，随着下垫面用地强度增加，增温范围在扩大，温差值也在加大；离用地性质变化区越近，温差值也越大。但是 Case4-Case1 的差值则略小于其他两个案例的差值，这与 5:00 时的表现非常相似，说明边缘区下垫面变化强度有拐点存在，在用地强度增长达到一定值后，温度不会持续上升，甚至还有可能回落。

从以上系列图中我们可以看出，2020 年用地目标值的各案例与现状用地案例的气温差值非常明显，这说明土地扩张对热环境影响极大。5:00、14:00 时各案例间的气温差值并不大，到了 20:00 时，武汉市区域的风向发生了变化，气温则在大范围内升高，23:00 时，城市北部区域内各案例的气温差值明显不一样。这是用地强度变化区下垫面性质的变化使风速、风向产生变化，导致热流北移的结果。一早与一晚 Case4-Case1 的差值略小于其他两组案例的差值，说明边缘区下垫面变化强度是等位的，气温变化等位且有拐点存在，在用地强度增长达到一定值后温度不会持续上升，还有可能回落。

二、城市东南片区平均温度差值比较

了解了以上直观的气温变化后，我们将武汉市东南片区，即城市下垫面的变化区 MNP 区域平均温度及差值进行比较。由于太阳辐射决定了中午气温,我们逐个提取了 Case1、Case2、Case3、Case4 四个案例的5:00、20:00、23:00 三个时间点的数据,并对数据进行了加权平均值的计算处理,得出了东南片区(MNP 区域)的平均气温值和温度差值,见表 5-5、表5-6。由表中数据我们可以看到,武汉市东南片区清晨平均气温现状为 26.39 ℃;当达到 2020 年用地目标值,且开发强度等位递增时,其他各案例的气温均有 0.8 ℃ 左右的明显上升;20:00 时的现状平均值为 29.53 ℃,2020 年扩展用地后,气温上升更明显,均超过了 1.0 ℃,较大差值甚至接近2 ℃。23:00时各案例也表现出气温明显上升的情况。而就 2020 年用地目标值不变,仅改变用地强度的 Case2、Case3、Case4 比较值来看,案例间差值则小了很多,绝大多数在 0.5 ℃以下,在清晨和晚上还出现了负差值的情况。比较以上数据我们可清楚地看到,下垫面用地性质的变化(即由自然下垫面向人工下垫面转化)对城市气温的影响明显大于用地强度的影响;且城市下垫面用地强度存在某个特殊值,当超过该值后,由于城市冠层内建筑的遮阳等作用,气温不会持续上升,反而出现拐点,表现出下降的趋势。有关温度拐点对应值的问题,以及由此带来的城市环境方面的诸多问题,还需要多学科大量的数据采集、模拟和比对,有待进一步研究和探讨。

表 5-5　武汉东南片区各案例气温平均值

案例	时刻		
	5:00	20:00	23:00
Case1	26.39 ℃	29.53 ℃	29.24 ℃
Case2	27.23 ℃	30.61 ℃	29.96 ℃
Case3	27.19 ℃	31.12 ℃	30.08 ℃
Case4	27.17 ℃	31.37 ℃	29.99 ℃

表 5-6　武汉东南片区各案例气温平均差值

比较案例	时间		
	5:00	20:00	23:00
Case2-Case1	0.84 ℃	1.08 ℃	0.72 ℃

续表

比较案例	时间		
	5：00	20：00	23：00
Case3-Case1	0.80 ℃	1.59 ℃	0.84 ℃
Case4-Case1	0.78 ℃	1.84 ℃	0.75 ℃
Case3-Case2	−0.04 ℃	0.51 ℃	0.12 ℃
Case4-Case2	−0.06 ℃	0.76 ℃	0.03 ℃
Case4-Case3	−0.02 ℃	0.25 ℃	−0.09 ℃

三、小结

综观针对 2011 年 8 月 13 日全天多个时间点、多案例市域内气温值和气温差值的比较,我们可以得出如下结论。

(1) 在城市扩展中,就下垫面性质发生变化的边缘区而言,早、晚气温均发生了明显变化,最高温度差值可达 3 ℃以上;而就整个城市区域而言,在下垫面变化区的下风向三角形区域有较明显的气温差值。但温度并不一味随用地强度的增加而上升,当用地强度超过某值后,气温会出现拐点并回落。

(2) 下垫面性质的改变对城市气温的影响明显大于建筑用地强度的增加对气温的影响。

(3) 城市扩张中用地强度的增加,也并不完全会给城市带来气温的正增长,由于热动力对气流的作用,某区间也会出现气温下降的现象。

(4) 20：00 左右城市风系最明显,故气温变化波及的地域最广。

第三节 边缘区建设用地强度变化的城市风环境状况分析

建筑用地强度的改变使得不同下垫面的蓄热、放热能力产生差异,热能、动能的改变自然会引起气流速度和方向的改变。图 5-7 为 2011 年 8 月

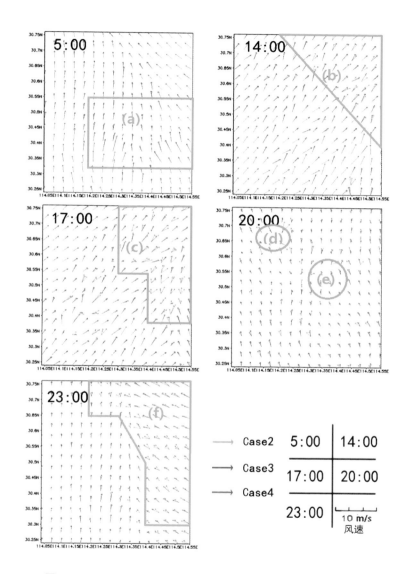

图 5-7　Case2、Case3、Case4 各案例 10 m 高处风速、风向比较图

13 日各时刻,以 2020 年规划用地目标值为基准的 Domain3 区域范围内 10 m 高处 Case2、Case3、Case4 三个案例的风场图。由图中我们可以看到,5:00 时下垫面建设用地强度变化区域内各案例风速有较明显的提高,即建筑用

地强度加大,下垫面储存的热能量增加,气温相对升高,空气中的热能、动能也随之增大,风速变大(见图中(a)处)。14:00、17:00 时,在城市的东北部(城市下风向处),随着用地强度的增加,风速变化较明显(见图中(b)处、(c)处)。晚上由于城市热岛的存在,城市低空比郊区同一高度的空气温度要高,在城市中形成低压中心,随着市区热空气的不断上升,郊区近地面的空气必然从周边流入城市,气流向热岛中心辐合。此时郊区因近地面层空气流失需要补充,热岛中心上升的空气在一定高度上流回到郊区,在郊区下沉,形成一个缓慢的热岛环流,这被称为城市风系。在武汉的夏季 20:00 左右,城市整体风速较弱,某些部位风速极小,出现比较明显的城市风系,有热岛环流的迹象(见图中(d)处、(e)处周围)。23:00 时在城市建设用地强度发生变化区以北部分区域内,风向随案例用地强度的加大呈顺时针变化(方向向东转变),风速逐渐变小。这说明城市下垫面开发强度增大,区域释放的热量较多,空气动能增大,同时下垫面粗糙度也加大了,摩擦消耗的能量也在增加,气流在下风向区域部位(f)发生方向改变的同时,风速会减小。

总之,清晨用地强度增加使得下垫面变化区风速有些许增大;中午至下午时段为一天中风速最大时段,城市主导风向的下风向区的风向不尽一致;20:00 左右,城市风系比较明显,有热岛环流存在;而后城市下垫面的开发强度加大,粗糙度随之变大,空气流动耗能加大,在无外能补充的情况下(无太阳辐射),城市下风向部位风速会减弱。

第四节　典型区块(采样点:H_1、H_2)各案例热环境状况比较

在各案例(Case2、Case3、Case4)中设定的建筑高度不变、绿化率等也不发生变化(见表 5-4)的情况下,在 3 种不同的用地强度下,建筑密度、容积率等位增加,意味着建筑体量的横向膨胀,即建筑间的空地变少,街区的层峡变窄。这类情况会使得建筑间相互遮挡的作用加强,日照减少;也会影响城市区域的空气流动和下垫面的散热能力,使得城市冠层内部热收支愈加复杂化。为了分析这种差异造成的城市繁华商区的气温变化,现对两个采样

点(见图 5-8)——洪山广场片 H_1(30.5452,114.3372)、鲁巷广场片 H_2(30.5060,114.3991)的四组案例(Case1、Case2、Case3、Case4)模拟数据进行定量的分析,其中 Case1 为现状模拟值,仅作参考案例。

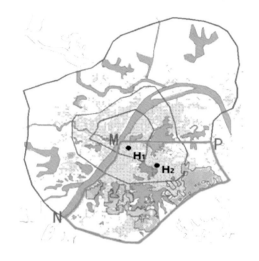

图 5-8　采样点位置图

一、典型区块 H_1、H_2 各案例全天气温状况比较

图 5-9 为研究区域采样点 H_1(洪山广场)的 2 m 高处不同案例全天气温曲线比较图,此处为城市一环内商圈,也是研究区域中最高用地强度区内的繁华区位。在各案例中,我们均将其所有指标设定为定值。由 H_1 采样点气温曲线图我们看出:在 5:00 左右,各案例的温度均为最低,14:00 左右为一天当中温度最高时,20:00—23:00 温度下降趋势稍有减缓。8:00—14:00,不同用地强度对该采样点温度几乎没产生多大影响,各案例气温曲线基本重合,包括现状案例 Case1 的温度值。14:00—17:00 时间段内的 Case2、Case3、Case4 温度差异不明显,说明在阳光辐射起决定作用的白天时段,用地强度的变化对城市气温影响极小。而 Case1 与之差异较大,接近 1 ℃,说明在太阳辐射强度达到峰值的 14:00 以后,建筑用地范围的扩张(下垫面属性的改变)对城市气温的影响还是很明显的。自 17:00 开始,Case3 的温度

曲线开始反超 Case4，直至 23:00 后，其降温的速度才较 Case4 快，说明当城市开发达到一定程度后，建筑的遮阳作用就会显现出来：太阳直射量减少，建筑间的相互遮阳作用增加，城市冠层内部贮存的热量减少，街区层峡中会出现温度较低的状况，但由于城市街区层峡高宽比的增大，城市散热能力减弱，出现了 23:00 后 Case3、Case4 两条曲线反向发展的现象（Case3 散热能力比 Case4 要好）。

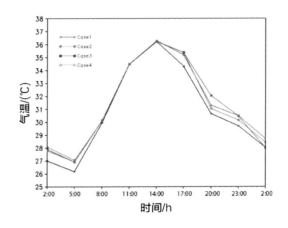

图 5-9 H_1 采样点 2 m 高处各案例温度曲线图

图 5-10 为研究区域采样点 H_2（鲁巷广场）的 2 m 高处不同案例全天温度曲线比较图，此处为城市第二圈层内的一点，是城市的商业副中心，为正在开发区域。在各案例中，此处开发强度发生了不同的变化。由图中我们看出，5:00 左右为温度最低点，14:00 左右为一天当中温度最高时间点，由此说明夏季的武汉经过整晚的散热，城市温度在 5:00 左右达到最低值，而后日照逐渐强烈，虽然 12:00 太阳总辐射量达到最高值，但下垫面热量贮备等并没有达到最大值，到了 14:00，城市冠层内部热量才达到峰值。8:00—14:00，各案例的取值变化对采样点 H_2 的温度几乎没产生多大影响，17:00 左右有些许差别，强烈的太阳辐射决定了气温的高低。20:00—23:00 Case1、Case2、Case3 气温基本上持平，说明此时间段该处下垫面的散热及空气流动散热量基本保持平衡，这种状态持续到 23:00。Case4 气温在 20:00—23:00 则呈下降趋势，究其原因，是由于气流带入的热量少于散失热量。

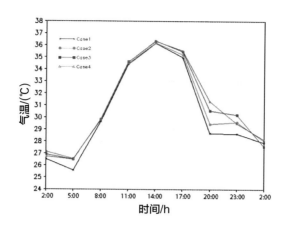

图 5-10　H₂ 采样点 2 m 高处各案例温度曲线图

由两个采样点的各案例温度曲线可看出，5：00—17：00 气温差别均不明显，20：00 开始出现明显不同。随着下垫面变化区城市用地强度变化，气温存在一个极限值：小于极限值的用地强度，太阳直射量加大，城市冠层内部蓄热量增加，街区层峡中温度较高，但城市散热能力也较强；超过极限值的用地强度，建筑遮阳作用显现出来，太阳直射量减少，城市冠层内部蓄热量减少，街区层峡中温度偏低，但城市散热能力也相对减弱。

二、典型区块 H₁、H₂ 各案例全天热岛强度比较

城市热岛强度指城市中心区与郊区的温差。在此我们仍选择了 H₁、H₂ 两个采样点来比较不同用地强度情况下全天热岛强度变化情况（见图 5-11、图 5-12）。

（一）共性

在两个采样点中，各案例均在 5：00 时热岛强度值达到最低点，甚至可能为负值。5：00 以后，热岛强度明显攀升，说明两个采样点气温与郊外定点的温度差距拉大，即采样点处的蓄热能力明显大于郊外。在建筑用地范围一定的情况下，在用地属性一致、用地强度不同的案例 Case2、Case3、Case4 中，5：00—14：00 热岛强度基本重合，这说明从清晨至中午，太阳辐射决定了城

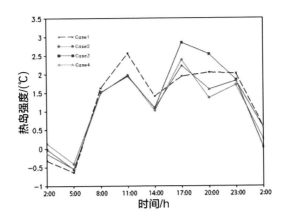

图 5-11   H₁ 采样点城市热岛强度

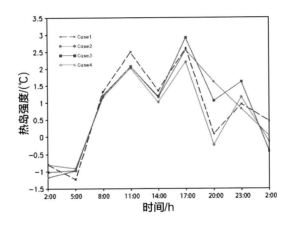

图 5-12   H₂ 采样点城市热岛强度

市冠层的气温,用地强度高低对温度的影响并不明显。14:00 时两个采样点各案例热岛强度值差异开始逐渐明显,此现象表明不同用地强度的下垫面蓄热能力不同,经过一段时间太阳的辐射,城市冠层所蓄能量达到饱和状态后,不同下垫面释放的能量多少与速度也不尽相同(热惯性不同),热岛强度也就产生了差异。在图 5-11、图 5-12 中,Case3 曲线值在 14:00 后大多数时间都高过 Case4,说明高密度的建筑群街区层峡高宽比大,这提高了建筑物的遮阳作用,增加了对阳光的反射作用,使得城市冠层中摄取的太阳能量减少,热岛强度也相对减弱。当然,由于密度和容积率较大,晚上散热也相对缓慢。两个采样点的热岛强度均在 17:00 时接近或达到可达到的热岛强度最高值,而后热岛强度开始减弱。

（二）个性

由于 H_1 点在城市的第一圈层之内,处于城市的高用地强度区,H_2 点位于城市的第二圈层,处于城市的次高用地强度区,17:00 时,Case3 中两点的热岛强度最高值基本一致,而后的时间段里 H_1 点热岛强度值则保持在较高状态,直至 23:00 以后,H_2 点值开始迅速降低,这说明 H_2 点的散热能力更好。由图中我们还可以看到,20:00 以后,H_2 点的热岛强度差值起伏较大,H_1 点的起伏较小,这说明傍晚以后建筑用地密集区散热性较弱,热岛强度相对稳定;用地强度较低地段的热岛强度变化较大,散热性强,受外界影响也比较明显。

Case1 中的两个采样点的热岛强度曲线,均在 11:00 达到热岛强度最大值,为 2.5 ℃。14:00 以后表现则不相同,H_1 点的热岛强度相对稳定,而 H_2 点则出现了较明显的变化。

总之,相同用地属性、不同用地强度区域热岛强度的表现在白天基本相似,在 17:00 左右热岛强度达到最高值,傍晚以后强度差异比较明显;用地强度高,热岛强度相对稳定,但散热性差;用地强度低,则散热性好,热岛强度变化较大,也更容易受周边环境的影响。

三、典型区块 H_1、H_2 各案例全天风速状况比较

图 5-13、图 5-14 为两个采样点 H_1、H_2 各案例全天风速比较图。H_1 位于高用地强度区,且下垫面用地强度不变。Case2、Case3、Case4 中,此区域 11:00—17:00 时段为一天的持续高风速时段,各案例风速差别不大,约为 7.2 m/s。H_2 位于次高用地强度区,此区域 14:00—17:00 时段为一天的最高风速时段,比 H_1 点持续时间短,这与该采样点用地强度较低、散热性较好、气温稳定性稍弱有一定的关系。17:00 以后,随着夕阳西下,两个采样点的风速随着气温下降而骤减,在 20:00 达到最低点,城市冠层内部出现热岛环流,但在不同的案例中,风速大小是不相同的:各案例风速大小随着下垫

面用地强度由小变大的顺序发生同序变化,说明此时间段边缘区用地强度的增加,同样会影响到城市中心区,使其风速增大。20:00 时,H_2 点各案例风速基本重合,说明用地强度变化对此处风速的影响不明显。

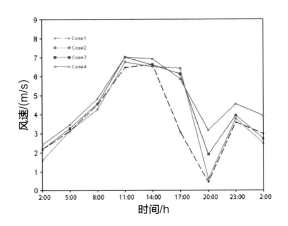

图 5-13　H_1 各案例风速比较图

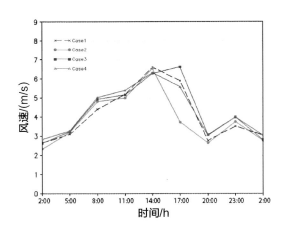

图 5-14　H_2 各案例风速比较图

　　总之,两个采样点 H_1、H_2 片区在各案例 5:00—17:00 时间段温度差别均不明显。20:00 开始有明显差异,城市用地强度变化,街区层峡内高宽比影响了城市冠层中热量的吸收或散失。在不同用地强度区,热岛强度的表现在白天基本相似，在 17：00 左右达到最高值，傍晚以后强度差异比较明显。由于建筑物遮阳的作用，若用地强度高，热岛强度或许较低，且相对稳定；若用地强度低，热岛强度可能较高，也较易受外界环境的影响而发生变化。20：00 左右城市风系最为明显，此时风速较小，城市中心区风速会受到边缘区用地强度变化的影响。

第五节　城市中心区至边缘区温度变化分析

为了进一步分析城市用地强度变化对城市边缘区至中心区热环境的影响，我们在研究区域内选择了两条轴线 L1、L2（见图 5-15），并对各案例两条线上的温度进行了提取，希望能够得到直观的展示和分析结果（Case1 案例值仅作参考）。

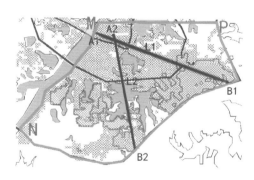

图 5-15　武汉东南片区温度提取轴线

图 5-16 为 L1、L2 轴线上 4 个时间点 2 m 高处的温度曲线，L1 轴线以东西向为主，L2 轴线以南北向为主。经过对不同轴线各时间点温度曲线的综合分析，我们得出下列结论。

（一）共性

在 5：00 时，两条轴线明显表现出城市中心区温度高、边缘区温度较低的特点。两轴线前段，即第一、二圈层（高用地强度、次高用地强度）内轴线上气温均表现出用地强度高的案例温度低、用地强度低的案例温度高的特点，即 $T_{\text{Case2}} > T_{\text{Case3}} > T_{\text{Case4}}$；第三圈层内的表现则相反，表现出 $T_{\text{Case2}} < T_{\text{Case3}} <$

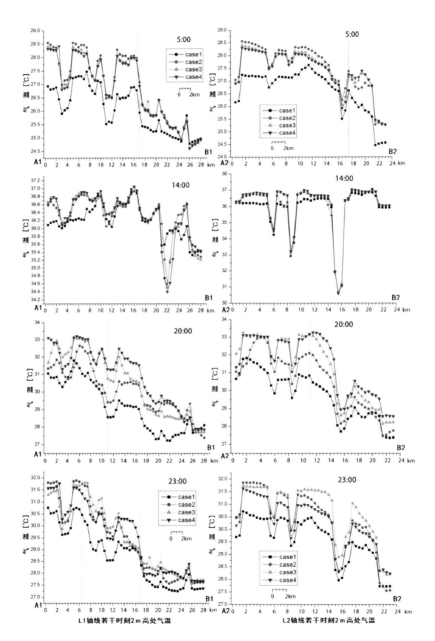

图 5-16 L1、L2 轴线若干时刻 2 m 高处气温曲线

T_{Case4} 的特点。这说明清晨由于太阳高度角小,高密度建筑间的遮阳作用明显,高用地强度的案例温度略低于低用地强度案例的温度。14:00 时,两条轴线的中心区与边缘区的温差表现均不明显。各案例温度值均非常接近。20:00 时,两条轴线各案例的温差则均非常明显,都表现出城市中心区至边缘区气温由高到低的趋势;轴线的前 11 千米区间 Case3、Case4 曲线基本重合,Case2 的气温值则明显低于它们,说明在此时间段(热岛环流明显时段),边缘区用地强度达到一定值时,城市中心区气温将维持在某近似的温度。在 23:00,两条轴线更明显地表现出温度曲线由城市中心区向边缘区递减的趋势。两条轴线在接近城中心起点 5~6 千米处 Case2 的气温值大于其他两个案例,说明当第二、三圈层用地强度增加时,是会对城市中心区产生影响的,但随着用地强度的加大,下垫面摩擦系数加大、空气阻力增大、下垫面蒸散能力减弱,流向城市中心区的热流也会减少,由此推断用地强度和气温值存在一个拐点,此拐点有待进一步研究。

(二) 个性

不同轴线其下垫面属性相同,温度曲线表现也就不同。由城市中心区至边缘区,陆地型下垫面温度曲线递减趋势为斜线,而有湖泊水域存在的下垫面温度曲线呈抛物线型。L1 轴线上的下垫面类型相对单一,以陆地型为主,差别主要在于不同圈层的用地强度和各点陆地的属性(如自然下垫面和人工下垫面),属性不同,显热也就不同。如在 5:00 和 23:00 时,距城市中心区起始点约 17 千米处正是第二、三圈层的分界线,L1 温度曲线在此出现了比较明显的下降趋势,就与下垫面的用地强度取值变化有直接的关系。L2 轴线上的下垫面类型较为复杂,有面积大小不一的若干湖、塘水域和陆地,水面潜热作用很大,水分不断蒸散,能使气温控制在相同的某个值附近,故该轴线上的气温表现出一段段不尽相同的特点。

总之,由两条轴线的温度曲线我们可以看到,湖塘水面由于水分的蒸发,潜热作用很大,故能使局部区域的气温控制在的某固定温度值附近,沿轴线的温度曲线分布呈一段段递减的状态。早晚的热岛强度均较明显,尤以晚上 20:00 更加明显,当边缘区用地强度达到一定值时,城市中心区的气温将维持在一定的温度。随着时间的推移,下垫面逐渐开始散热,克服下垫

面摩擦阻力的空气动能减少,由 23:00 时两轴线接近城中心处 Case2 的气温值大于 Case3、Case4 可以断定,边缘区用地强度存在某个限值使得边缘区气温对城市中心区的影响最小,此值有待进一步研究。

第六节　本 章 小 结

当城市用地范围不变、城市外域用地强度变化时,早、中时间段对城市气温的影响较小,尤其是在中午。20:00 时城市风系明显,下垫面用地强度变化区范围内各案例存在 0.5 ℃的差值,说明下垫面强度变化对本区的气温是有影响的。23:00 时,影响范围随着空气流向城市北部(城市下风向),且热流较集中,温差比较明显。下垫面属性发生变化的范围越大,则此时段气温变化愈明显。城市边缘区下垫面用地强度的变化,使城市中心区气温有拐点存在,在强度增长达到一定值后,温度值不会持续上升,还有可能回落。

由于处于一天内的最低气温时段,城市边缘区用地强度变化对城市清晨的风环境影响不大;中午至下午时段为一天之中风速最大时段,风向也不稳定;20:00 左右城市风系最明显,此时风速较小,城市中心区风速会受到边缘区用地强度变化的影响,而用地强度较低区域的风速还是由大气候环境的风速决定的。

两个采样点 H_1、H_2 全天温度曲线显示,各案例在 20:00 气温开始改变,明显呈下降趋势,且为缓慢下降。城市用地强度存在一个极限值,小于极限值时,太阳直射量大,散热也快;超过极限值时,建筑遮阳作用显现出来,太阳直射量减少,城市冠层内部蓄热量减少,街区层峡中温度变低,但城市散热能力也相对减弱。这两个采样点的热岛强度在白天的表现基本相似,在 17:00 左右达到最高值,傍晚以后强度差异比较明显,用地强度高时,由于冠层内建筑物的遮阳作用,热岛强度较低且相对稳定,但其散热性差;用地强度低时,热岛强度较高,但热岛强度变化较大,散热性好。

由两条不同走向的轴线上各时刻的温度曲线我们看到,湖塘水面由于水分的蒸发,潜热作用很大,能使局部区域气温控制在某温度值左右,沿轴线的温度曲线分布呈一段段递减的状态。晚上热岛强度比较明显,尤以20:00突出,当边缘区用地强度达到一定值时,城市中心区气温将维持在一定的温度。随着时间的推移,下垫面逐渐散热,克服下垫面摩擦阻力的空气动能减少,城市中心区气温不会随着边缘区用地强度的增加而增加,而是存在某个限值,使得边缘区气温对城市中心区的影响有拐点存在。

第六章 边缘区建设用地扩张的城市热环境影响研究

随着我国经济的高速发展和城市化进程的加剧，城市建设用地蔓延式扩张也成为非常突出的问题。第五章我们对建设用地强度增加对城市热环境的影响进行了研究，在分析中发现，用地扩张对城市热环境的影响将更加明显。这一章我们将重点研究城市建筑用地范围不断扩张对城市热环境的影响，以寻找城市建设用地扩张导致热环境恶化的原因，为寻找更合理的武汉城市的继续发展策略提供量化依据。

第一节 模拟案例介绍

在本节的研究中，从长远的城市发展着眼，我们设定城市用地区域中各圈层固有用地强度指标值为一个固定值（参数大小以第五章节案例中的Case3 取值为基准，见表 6-1，表 6-2），主要针对武汉市东南部区域尚待开发的第三圈层不同程度的用地扩张进行研究。为了满足软件的要求，也为了将眼光放的更长远些，我们将现状用地案例的 Case1 进行了参数调整，并将其重新命名为 Case1′（建筑用地范围为现状用地，用地强度、绿地率、人工耗能等冠层内参数指标值同 Case3）。Case5 为建筑用地扩展至第三圈层的1/2处，Case6 为建筑用地扩展至城市外环线，即第三圈层的边缘处（详细情况见图 6-1）。而后将设定好的参数输入到中尺度气象模型 WRF 的城市冠层模型中，经过计算和一系列的数据处理来定量分析城市用地扩张对城市气温、风速、热岛强度值、热量收支等的影响。这一章我们的研究依然是根据武汉市规划局颁布的《武汉市城市总体规划（2010—2020 年）》和《武汉市主城区用地建设强度管理规定》等。

表 6-1 城市用地强度参数设定之一

要素	强度	Case1'/ Case 5/ Case 6
容积率	强度(一/31)	4.0
	强度(二/32)	3.0
	强度(三/33)	2.5
建筑密度 /(%)	强度(一/31)	40
	强度(二/32)	42
	强度(三/33)	42

表 6-2 城市用地强度参数设定之二

要素	强度(一/31)	强度(二/32)	强度(三/33)
建筑高度/m	30/(10 层)	21/(7 层)	18/(6 层)
绿化率/(%)	30	30	30
城市非绿化用地占比	0.70	0.70	0.70
屋顶宽度/m	55.0	30.0	30.0
道路宽度/m	20.0	20.0	20.0
人为热/(W/m²)	90	60	40

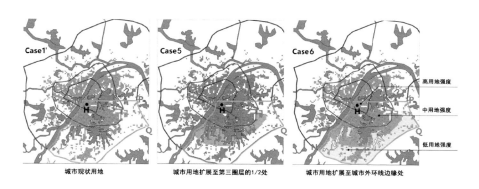

图 6-1 武汉市东南片区城市建设用地扩张图

第二节　边缘区建筑用地扩张的城市气温场状况分析

一、模拟区域气温场与气温差场比较

图 6-2 为武汉市域范围内各时刻 2 m 高处气温场图,图中可以看到,由于城市建筑用地范围的不同,气温场和气温差场将会发生变化。在 5:00 时,随着城市东南片区扩张范围的加大,主城区的城市热岛现象有略微表现,长江以东区域较明显。而夏季的中午均没有明显的热岛现象,到了傍晚以后,随着时间的推移,热岛现象愈加明显,20:00 时城市热岛效应最为强烈。在 Case6 中,由于城市建设用地扩张范围最大,城市热岛范围远大于其他案例,热岛强度也最高,Case1′在此时间的热岛范围则小于其他案例。24:00 时,随着热量的散失,各案例的城市热岛强度明显减弱,此刻比较三个案例,Case5 中的城市高温区强度最高,Case6 中的高温区范围最广。

图 6-3 以 5:00 为时间基准点,是高度为 2 m 处的 Case5、Case6 与 Case1′的温度差场比较图(Case5-Case1′、Case6-Case1′)。由图中我们可以看到,在城市东南片区局部的建设用地强度不变、面积不断扩张的情况下,不同案例之间的温差虽不明显,但城市东南部有零星斑块的气温升高了 0.5～1 ℃。值得注意的是,Case1′中下垫面性质为水面的部位在 Case6 中变为建设用地后,气温差场表现出 -0.5～1 ℃的差值,甚至极少处有 -1 ℃以上的差别(见图 6-3 中蓝色椭圆圈内)。主要原因在于水面的比热容较大,散热慢,而陆地下垫面则散热较快,导致了 Case6 此处气温低于 Case1′此处气温。

图 6-4 以 14:00 为时间基准点,是高度为 2 m 处的 Case5、Case6 与 Case1′的温度差场比较图。我们在图 6-2 中已经明显看到该时刻的城市热岛并不明显,大片地区都处于烈日的暴晒中,大部分区域气温超过 32 ℃。将三个案例进行比较,由图(Case5-Case1′、Case6-Case1′)中看到,城市绝大部分区域温差均表现微弱,在下垫面属性变化的局部区域(建设用地扩张部)有些微变化,温差不超过 ±0.5～1 ℃,但是下垫面原为水面的 Case6 被

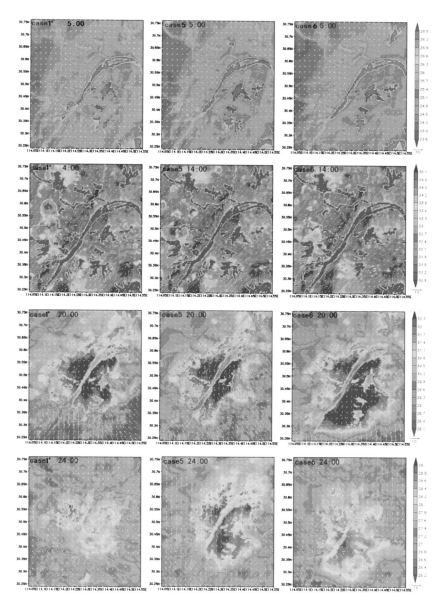

图 6-2　各时刻 Case1′、Case5、Case6 的 2 m 高处气温场图

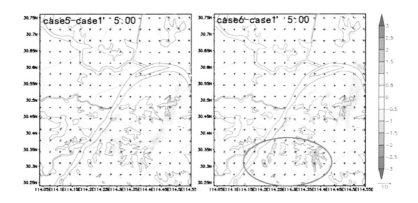

图 6-3　5:00 时 Case5、Case6 与 Case1′的 2 m 高处气温差场比较图

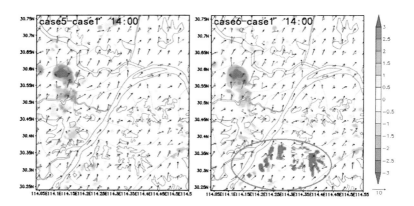

图 6-4　14:00 时 Case5、Case6 与 Case1′的 2 m 高处气温差场比较图

转换为城市建设用地后，气温则明显上升，温差超过 2 ℃（见图 6-4 中蓝色椭圆圈内）。这种现象说明强烈的太阳辐射决定了下垫面大部区域的整体温度，不同的用地属性对太阳辐射的反应能力不一。中午时段，天然陆地下垫面与城市建设用地下垫面的差异并不明显，但水体下垫面则不同，其比热容小、热惯性大、蓄热慢，当水面范围被建设用地替代后，地表气温便远高于原水面气温，表现出如图 6-4 所示的结果。城市西偏北部地区均出现了正温差场斑块，经过比对得出一个结论，即城市下垫面扩张引起此处风环境变化，导致了此处气温的升高。

图 6-5 是 20:00 时、高度为 2 m 处的 Case5、Case6 与 Case1′ 的温度比较图。我们在三个案例比较图(Case5-Case1′、Case6-Case1′)中看到,下垫面用地性质改变范围越大,气温变化越明显,且影响范围也就越广泛。由图我们可以看到,气温差值有正温差也有负温差,随着建设用地面积的扩张,正温差的范围在扩大。这说明在 20:00 时城市建设用地的扩张对城市气温升高起到了一定的作用,建筑用地扩张程度越大,下垫面日间蓄热量越大,晚间释放的热量也越多。Case5 中的汤逊湖、南湖和东湖连成了一条由水面构成的天然通风廊道,虽然 Case1′ 的下垫面属性在廊道部位与 Case5 基本相似,但由于其上风向为天然下垫面,没有形成廊道形态,在 Case5-Case1′ 中出现了负温差的情况。根据之后的风场图我们可看出,此时这一带 Case5 风速大于 Case1′,说明边缘区下垫面的改变对此处的空气流动产生了影响,将原有的部分热量带走,导致这一条线上的温度降低。在 Case6-Case1′ 中,廊道处的水面被填为建设用地后,则明显表现出建设用地此时段释放热量的能力强于水面。

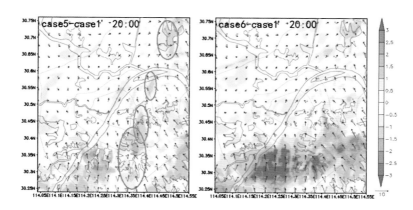

图 6-5 20:00 时 Case5、Case6 与 Case1′ 的 2 m 高处气温差值比较图

图 6-6 为该日 24:00 时、高度为 2 m 处的 Case5、Case6 与 Case1′ 的温度比较图。由图中可看到,城市东南片区局部的建设用地面积扩张对城市气温的影响还是比较明显的。Case5 由于扩张范围较小,建设用地蓄热量较少,在城市盛行风的作用下,通过通风廊道将热量迁移到城市的下风向处。Case6 的下垫面性质变化范围增大了许多,城市的下垫面摩擦系数也随之加

大,通风廊道在上风向处被堵,因而在此时刻热量仍有存留,下垫面变化区中气温差值超过 1 ℃的区块,并没能向 Case5 那样顺利将热导向城市的北部。

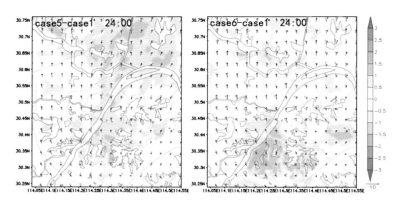

图 6-6　24:00 时 Case5、Case6 与 Case1′的 2 m 高处气温差值比较图

二、东南片区全天平均气温值比较

上文我们分析了东南片区的用地扩张对城市气温场的影响,那么在武汉市东南片区建筑用地范围不断扩张的情况下,城市东南片区及东南片区下垫面变化区的平均气温变化情况会如何呢? 我们就这个问题对 Case1′、Case5、Case6 三个案例的两个区块 2 m 高处的气温值进行了提取及加权平均值的计算,得出了平均温度曲线图,见图 6-7。由图中数据我们可以看到,0:00—5:00 气温曲线随着用地的扩张逐渐攀升,即 $T_{Case6} > T_{Case5} > T_{Case1'}$,但随着时间的推移,三条曲线也逐渐聚拢,纵使扩张面最大的 Case6 的平均气温也能在 5:00—6:00 时间段与现状用地的平均气温等值,这说明在无日照的前提下,较低用地强度(容积率、密度)的下垫面散热情况良好。6:00 时以后太阳升起,三个案例的平均气温曲线开始重合,直至 12:00 时,此时段的气温变化情况主要取决于太阳辐射量。经过一上午的太阳辐射,曲线表现出下垫面建设用地的面积越大,积蓄的热量就越多的现象。从 12:00 时开始,气温曲线开始分离,之后的时间里,Case6 一直处于高位,Case1′由于天然下垫面的蒸腾作用,气温一直处于低位。由于太阳辐射和城市冠层内部对太阳能的贮存,所有案例曲线在 15:00—17:00 处于一天中气温最高的时间段,

之后随着太阳辐射的减弱,所有案例气温曲线开始明显下降,直至 22:00 时开始走缓。由图中我们也可以看到,东南片区内的 Case1' 与 Case5 从 5:00 时至 20:00 时气温曲线几乎处于重合状态,之后开始分离;而东南片区下垫面属性变化区内的两条曲线则在 19:00 开始分离,比东南片区两个案例的气温曲线分离至少提早一个小时。这说明 Case5 下垫面性质变化产生的多于 Case1' 的热量会使变化区气温升高,也会被城市盛行带到下风向部位,在一小时后引起较大范围内的气温升高。在测试时期,当地的日落时间为 19:07,日落之后,城市开始向空中散热,Case6 中建设用地面积扩展范围最大,散热量加大;Case1' 扩展范围小,散热量较少,但 Case5 将部分水面更换成建设用地后,减少了水体的持续散热,也就导致了 22:00 时出现 $T_{\text{Case1'}} = T_{\text{Case5}}$ 的现象。

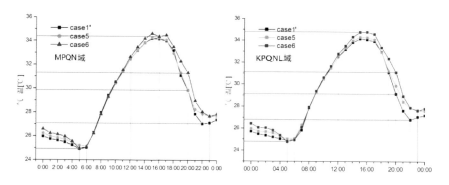

图 6-7　东南片区及东南片区下垫面属性变化区 2 m 高处全天平均气温曲线比较

三、本节小结

我们从以上各图可以看出,建设用地扩张对城市的热环境是有影响的,随着扩张程度加大,影响也会加大,尤其在日落以后表现更加明显。不仅会影响下垫面属性变化区和武汉市东南片区,受主导风向的作用,还会影响至下风向区。由于水的比热容比较大,泥土和砂石的比热容较小,在同样受热或冷却的情况下,水温变化没泥土、砂石的温度变化明显,所以在相同的日照情况下,水的温度上升较慢,日间水域本身及周边温度较低,但到了晚上和清晨,水的温度下降慢,水域及周边温度较高,于是出现了在 22:00—

23：00时间段两个扩张案例温度持平的现象。由此可见，城市边缘区较低用地强度的土地开发利用会对城市热环境产生一定的影响，针对水面的合理处理问题不容忽视。

第三节　边缘区建筑用地扩张的城市风环境状况分析

　　建筑用地扩张使得下垫面性质发生变化，原有地表的能量平衡发生了改变，空气热动力也发生了变化，必将引起风力和风向的改变。图6-8为2011年8月13日5：00、14：00、20：00、24：00，4个时间点Case1′、Case5、Case6的Domain3区域范围内10 m高处风速、风向模拟结果。在图中我们可以看到，在5：00时气温为一天中最低，三个案例的热动力小，风速也小，由于空气流动将城市热量带向模拟区域的东北角，使得此处热动力作用明显，故在此处有较为明显的风向变化。14：00时，冠层内气温高，热动力强，整个城市风速较大，尤其是沿江两岸和长江以北地区，其风速普遍比长江以南地区大近2 m/s甚至更多。东南部区域下垫面的变化对汉口片区风向变化影响最明显，武昌片区的下垫面变化次之，汉阳片区风向变化最小，这与城市的主导风向有密切的关系。20：00时特殊的热岛环流现象最明显，由于武汉市两江三地的特殊地貌特征，城市风场图中的风速表现出沿盛行风向（主导风向）由东或东南市郊向市内逐渐减弱的现象，城市中心区风速最小，上风向区风速最大。在风向上，汉口、汉阳片区从东南风逐渐转为西南风、西风。武昌片区仍为东南风，但随着建设用地的扩张，风向更向西偏，且风速普遍增加。此时段东湖、南湖、汤逊湖沿水带风向有较明显差异，这与通风廊道的设置及畅通与否有很大关系。此时汉口片区有西南风，风速最小。下垫面属性变化区及其周边地区以及城市的东北角，由于热动力的不同，风向差异较其他地区明显。长江成为风环境明显的分界岭，这是武汉市气候现象的最大特点。在24：00时，城市冠层内经过几个小时的散热，热动力明显减少，风场趋于平稳，从总体上看，城市的风向为东南风，风速由东南至东北逐渐加大，与20：00时状况相反，基本以武昌临江一带作为界线。下垫面用地属性变化区的热量北移，风速普遍较小。

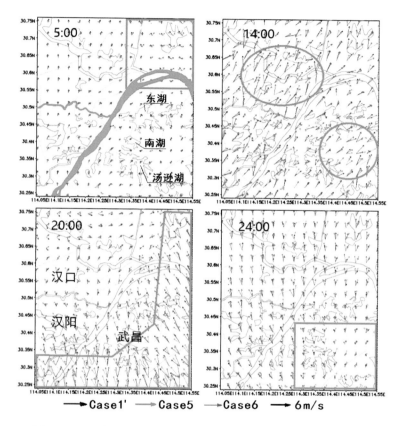

图6-8 Case1′、Case 5、Case 6 三个案例10 m高处风速、风向比较图

总之，城市的东南部下垫面性质发生变化对城市风场会产生一定的影响。根据数据模拟结果可以看出，风向差异明显于风速的差异，热动力大的中午时段和晚间热岛环流明显的时段表现较为突出。

第四节 采样点 H_1、H_2 各案例
热环境状况比较

在这一章，我们仍选取了城市繁华商业区的两个采样点（见图5-8），即洪山广场片的 H_1 点（30.5452，114.3372）、鲁巷广场片的 H_2 点（30.5060，

114.3991)，对三组案例(Case1′、Case 5、Case 6)模拟数据进行定量的分析，以比对在建设用地扩张的情况下，这两个采样点全天的气温状况。

一、采样点 H₁、H₂ 各案例全天气温状况比较

（一）H₁（洪山广场片）采样点各案例气温状况比较

由图 6-9 中采样点 H₁ 处各案例全天的气温曲线变化我们可以看到，5:00 时左右为一天气温最低时段，2 m 高处气温在 25 ℃左右，14:00—17:00 时间段为一天当中的高温时段，15:00 左右气温最高，达到 35.6 ℃。18:00 时气温开始明显下降，直至 23:00 时气温开始回升。观察一天 24 小时内三个案例的温度曲线可知，0:00—20:00 时，各案例温度曲线基本重合，纵然有温差，但也很小，在 0.5 ℃左右。20:00—24:00 时，温度曲线表现出各自的特点。由于建设用地面积的不断扩张，22:00 时 Case5、Case6 较 Case1′气温高出 1 ℃，说明城市边缘区下垫面性质发生改变的两个案例在日间储存了更多的太阳辐射能，此刻在夜间释放，被盛行风输送到 H₁ 处，使该处气温较 Case1′高了 1 ℃。在接下来的 1 个小时内，Case5 继续保持在 29 ℃，Case6 开始迅速下降，说明 Case5 仍有热量供给，而 Case1′、Case6 则没有获得同样的能量，在 23:00 时另两个案例的温度低于 Case5 近 1.5 ℃。对此现象我们做如下解释：在中心城区内各要素没发生任何改变的前提下，Case5 的建筑用地扩张至第三圈层的 1/2 处时，城市部分用地由原来的自然下垫面更改为建设用地，但变化区的湖塘仍然保留；Case6 的用地面积扩张至第三圈层的外环边缘，部分小的水塘和湖泊的枝节处用地性质发生了改变。在白天，城市和乡村得到了同样的太阳辐射，但是城市建设用地的蓄热能力强，到了夜晚释放热量，导致城市风环境和热环境不同于乡村。由于盛行风的作用，下垫面属性变化区夜间释放的热量被带入城市中心区，使得中心区 H₁ 处气温升高。但此处的气温也被不断流动的空气带走，除非有不断的能量输送。而通过观察 Case5 与 Case6 的差异我们可以看出，Case6 变化面积更大、蓄热更多，但其能量的释放要快于保留水面较多的 Case5，Case5 下垫面水域的缓慢散热，导致了 22:00—24:00 时间段气温曲线呈恒温状态。在 24:00 时，Case6 与 Case1′采样点 H₁ 处气温有所回升，三条曲线逐渐靠拢。

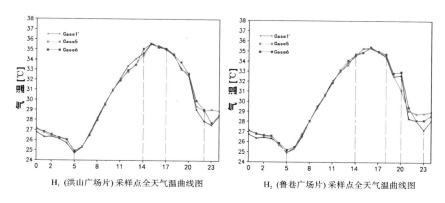

H_1（洪山广场片）采样点全天气温曲线图　　H_2（鲁巷广场片）采样点全天气温曲线图

图 6-9　H_1、H_2 采样点各案例温度曲线图

（二）H_2（鲁巷广场片）采样点各案例气温状况比较

由图 6-9 中第二圈层内 H_2 采样点各案例全天的温度曲线变化我们可以看到，5:00 时前后为各案例气温最低点，为 25 ℃，同 H_1 点一样。16:00 时为一天当中温度最高时间点，14:00—18:00 为一天的高温时间段，平均气温为 35.3 ℃。各案例温度基本一致，不受城市边缘区建设用地面积扩张的影响。4:00—19:00，各案例温度曲线基本重合，建筑用地面积扩张对该采样点温度也没有产生多大影响，19:00 时以后，各案例曲线开始分散，也就是下垫面变化对该点气温产生了影响。图中 20:00 时 Case5 的温度曲线呈下降趋势，而 Case1′、Case6 则基本维持在 19:00 时的气温值上，故 Case5 较其他两个案例低 1.5～2 ℃，在没有日照供给热量、人工耗能也未发生变化的情况下，气温值维持不变，只能是盛行风输送能量的结果。参考图 6-11，我们看到 H_2 处 Case5 的风速均大于其他案例，故可推断较高风速将高温驱散，气温下降也是符合情理的。H_2 采样点临近城市市郊，与城市下垫面变化区距离较近，受影响较大，故夜间三个案例气温差别比较明显，可从图 6-9 中 H_2 曲线的 22:00—24:00 时段看出。

总之，由两个采样点的全天温度曲线图我们可以看到，18:00 时以前，城市边缘区扩张对城市中心城区和副城区几乎没有影响。傍晚后影响开始逐渐明显，基本是随着面积扩张，采样点处气温随之升高，离下垫面属性变化区越近，差异越明显。但由于水体的比热容大于陆地，不同案例在夜晚散热

时段出现了不同的热环境状态,水体的保留会使城市某些区位的高温持续时间延迟。

二、采样点 H₁、H₂ 各案例全天热岛强度比较

奥克将"热岛强度"定义为城市中心区的高温度值与郊区温度的差值,在此我们仍选择对城市中心 H₁ 和城市副中心 H₂ 两个采样点进行研究,比较其在建筑用地面积扩张的情况下热岛强度变化情况。由图 6-10 我们看到以下几种情况。

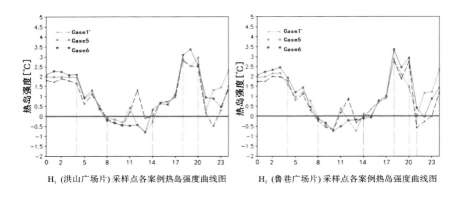

H₁(洪山广场片)采样点各案例热岛强度曲线图　　H₂(鲁巷广场片)采样点各案例热岛强度曲线图

图 6-10　H₁、H₂ 采样点各案例热岛强度图

(1) 两个采样点的各个案例在 0:00—4:00 时间段,热岛强度都在 2 ℃左右徘徊,且各案例的热岛强度值随着用地扩张程度而递增。而后由于太阳逐渐升起,热岛强度开始下降,8:00 时热岛强度值达到 0 ℃。在其他因素不变,仅建筑用地范围扩张的情况下,0:00—8:00 时,两个采样点的各个案例热岛强度高低与扩张程度大小基本同序。

(2) 在 8:00—14:00 时段,城市热岛强度出现了负值,即市内气温低于市郊。这一时间段内太阳辐射强烈,市郊由于无遮挡,下垫面气温迅速升高;而在高楼林立的城市,由于建筑物的遮阳作用,太阳光的直接辐射受到阻碍,城市冠层内部的气温低于郊外,出现了城市热岛为负值的情况。

(3) 12:00 时,两个采样点的热岛强度都表现出 Case1′明显高于另外两个案例的情况,对比两点的气温曲线,H₁ 点的 Case1′略高于其他案例,而 H₂ 点

的三个案例气温值相同，依据推理，该时间点郊外基准点的气温值 T_{SCase5}、T_{SCase6} 的气温值一定低于该点 $T_{\text{SCase1'}}$ 的气温值，即 $\Delta T_{\text{H}_1\text{Case1'}} = T_{\text{H}_1\text{Case1'}} - T_{\text{SCase1'}}$，$\Delta T_{\text{H}_1\text{Case5}} = T_{\text{H}_1\text{Case5}} - T_{\text{SCase5}}$，$\Delta T_{\text{H}_1\text{Case6}} = T_{\text{H}_1\text{Case6}} - T_{\text{SCase6}}$，$T_{\text{H}_1\text{Case1'}} = T_{\text{H}_1\text{Case5}} = T_{\text{H}_1\text{Case6}}$，$\Delta T_{\text{H}_1\text{Case1'}} > \Delta T_{\text{H}_1\text{Case5}} = \Delta T_{\text{H}_1\text{Case6}}$，故 $T_{\text{SCase1'}} < T_{\text{SCase5}} = T_{\text{SCase6}}$。在其他因素没发生变化的情况下，郊外采样点气温发生变化的直接原因即为城市扩张，下垫面变化区热量扩散对该点气温产生了影响，这与本书第四章的实测结果相吻合。

（4）由于长时间的太阳辐射，下垫面不断贮存热量，14:00 时以后，城市冠层内部的建筑物、道路、水面等开始缓慢释放热量。又因为日照强度的逐渐减弱，城市建设用地下垫面平均的比热容要大于市郊自然陆地的下垫面，绿地散热快，混凝土下垫面散热慢，故城市的热岛强度逐渐增加，17:00 时后热岛强度迅速升高，这两个采样点在 18:00—20:00 的热岛强度基本上达到了一天的最高位。参考风环境图，这一时段城市的热岛环流比较明显，中心区风速小，高温自然不散。之后，中心区风速及风力逐渐加大，热岛也开始呈迅速下降趋势，到 21:00—22:00，出现了一天中热岛强度的又一低点。随着郊区气温降低、热量逐渐消散，热动力逐渐减弱，风速减小，城市外围的冷空气向市内输送减少，市中心高温消散减慢，热岛强度又开始稍微有所回升。

（5）在 21:00 时以后，Case5 的两个采样点的热岛强度开始率先攀升，并在 21:30 时后一直保持高位。这与其温度曲线的表现相吻合，即为保留水面缓慢释放热量的影响。

由两个采样点全天的热岛强度图我们可以看到，在 8:00 时以后的上午时间段，城市热岛强度会出现负值，也就是有冷岛的存在。在 18:00—20:00 的时间段，城市建设用地扩张对两个采样点的热岛强度影响比较明显。城市扩张区下垫面属性发生了变化，热量扩散影响郊外基准点的气温。在18:00—20:00 的时间段，热岛强度最为明显，整个夜间时段热岛问题均比较突出。

三、采样点 H_1、H_2 各案例全天风速状况比较

城市的风速、风力、风向与城市的气温、下垫面的摩擦力、建筑物的高度及朝向、气压等诸多因素有关。图 6-11 为 H_1、H_2 两个采样点各案例全天风

速比较图。

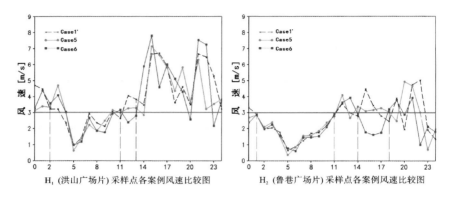

H₁(洪山广场片)采样点各案例风速比较图   H₂(鲁巷广场片)采样点各案例风速比较图

图 6-11 H₁、H₂ 采样点各案例风速比较图

（1）就图的整体来看，城市中心区洪山广场 H₁ 的风速和风力要强于城市副中心的鲁巷广场 H₂，尤其 H₁ 在 14：00—17：00 这个时间段时，城市气温处于最高，空气热动力强，各案例风速波动幅度表现得也尤为明显。

（2）由于两个采样点区位不一样、建设用地强度不同，夜间散热所需的时间也不尽一致。中心区用地强度高、蓄热量大，由于郊外冷空气渗透过程经过的路径长、经过的媒介多等原因，散热需要的时间较副中心区多，下垫面热动力减少得慢，故 H₁ 点在 4：00 时以后各案例风速才开始趋于相近，持续到 11：00 时；H₂ 则在 1：00 时各案例风速基本重合，直至 11：00。

（3）洪山广场片 H₁ 在 15：00 和 21：00 这两个时间点各案例均为一天中较高风速点，Case6 达到了 7.5 m/s 的风速。鲁巷广场片 H₂ 的 Case5 则在 20：00—21：00、Case1′ 在 21：00—22：00 的风速为近 5 m/s，H₂ 点自 14：00 时起，Case6 的风速多低于其他案例。

（4）通过观察两个采样点各个案例风速曲线的吻合程度，我们认为 H₁ 点离下垫面变化区较远，其风速和风力主要受自身区位的热环境的影响，城市扩张影响的力度有限；而 H₂ 点离下垫面变化区较近，其风力和风速受城市扩张、下垫面属性改变影响较大。

四、本节小结

由两个采样点的全天温度图我们可以看到，在 18：00 前，建设用地面积扩张对各个案例气温的影响微弱;傍晚后影响逐渐明显,随着面积扩张,采样点片区气温升高,水体的高比热容使得采样点气温在夜间保持稳定的时间较长。热岛强度会在 8:00—11:00 的时间段出现负值,随着城市扩张及热环境的改变,城市冠层内也会向市郊疏散更多的热量。夜间城市热岛问题比较突出。比较两个采样点我们可以看到,午后风环境较为复杂,城市中心区热动力大,风力也大,风环境主要由本区位自身要素约定,副中心区风环境受城市边缘区下垫面属性变化影响更为突出。

第五节　城市中心区至边缘区温度变化比较

为了分析城市用地扩张对城市边缘区至中心区气温变化的影响,我们在研究区域内选择了两条不同方向的轴线,分别为南北向的 L1′(起点:30.465,114.285;终点:30.235,114.285)和东南至西北的轴线 L2′(起点:30.465,11.285;终点:30.350　114.500)(见图 6-12),并对各案例两条轴线上的温度进行了数据提取,希望能够得到城市中心区至边缘区气温变化的直观展示和分析结果。

图 6-12　剖切轴线 L1′、L2′区位图

(一)5:00 时中心区至边缘区温度变化比较

图 6-13 为两条轴线在 5:00 时 2 m 高处的气温曲线图,由图中我们可以看到,L1′轴线明显地表现出由城市中心区向边缘区温度递减的趋势。L2′轴线温度变化的趋势则基本持平。对照着图 6-2 的气温场图和图 6-3 的气

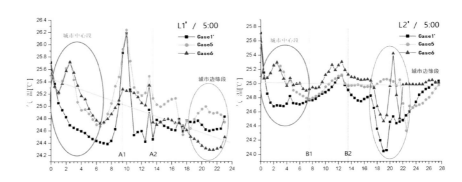

图 6-13　轴线 L1′、L2′在 5:00 时 2 m 处气温曲线图

温差场图,我们可以清楚看到两条轴线上气温趋势的差异与此时刻城市西南风的作用有很大关系,轴线 L1′接近城市边缘的部分受到郊外冷空气的作用自然气温较低,而西南风将热流带向轴线 L2′,使靠近城市边缘部位的气温值升高。Case1′、Case5 在城市边缘部分有水面存在,轴线 L1′中临水段 A1-A2 及附近段的气温受水面清晨散热的影响,气温波幅较大(空气热动力较大),而 Case6 的水面被填埋,故气温波动相对要小。也正是由于 Case6 的水面被填埋,其在夜间和凌晨的散热效果好,L1′轴线上的城市外边缘段气温低于 Case5 和 Case1′。而有水体存在的 Case5,既受水面散热作用的影响,又受建设用地扩张的影响,其气温曲线一直处于最高位。L2′轴线中 B1-B2 附近的水体在各案例中均被保留下来,故各条曲线虽有波动,但趋势一致。L2′轴线上位于城市外边缘椭圆形红圈内区域的温度曲线对应扩张案例中被填埋的水面的下风向,故气温受下垫面属性变化影响波动较大,且曲线走向趋势不一。总体上看,随着城市建设用地向外扩张,在 5:00 时,两条轴线中位于城市中心区的一段均显示出 $T_{Case6} \geq T_{Case5} > T_{Case1'}$ 的情况。

(二) 14:00 时中心区至边缘区温度变化比较

在图 6-14 中,两条轴线在中心区与边缘区的温差表现并不明显。L1′轴线城市中心段有些许上下波动,边缘区气温轴线则表现得较平缓。从各案例 A1-A2 段曲线的变化,能看出水面的存在与否,但其影响的范围远小于清晨。L2′轴线的尾部各案例气温起伏则比较明显。

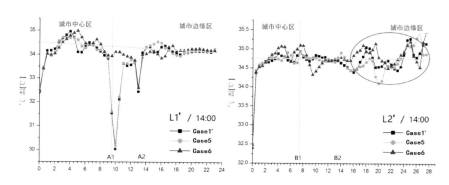

图6-14　轴线 L1′、L2′在 14:00 时 2 m 高处气温曲线图

（三）20:00 时中心区至边缘区温度变化比较

在图 6-15 中，两条轴线的气温均表现出由中心区至边缘区明显下降的趋势，体现出城市热岛的共性。Case6 由于大面积城市用地的扩张，城市热岛的范围在扩大，在 Case6 中，轴线 L1′的气温转折点较 Case5、Case1′明显外移至 A2 以外，且气温远高于其他两个案例，轴线 L2′也有类似情况。由于城市风系的作用，该时段城市中心区还出现了 Case6 气温低于其他两个案例的现象，说明城市扩张导致热岛面积扩大，但中心区的气温并不一定会升高，也会出现比扩张前更低的情况。L2′轴线上自 B1 点向城市外围的方向上，Case5 气温有一段表现出最低的现象，参考图 6-5 和图 6-7 我们可以看到，这是下垫面变化导致水域附近风向变化的结果。

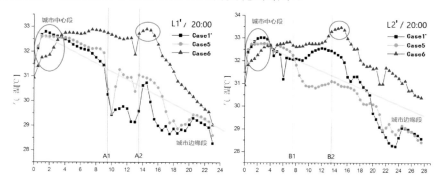

图6-15　轴线 L1′、L2′在 20:00 时 2 m 高处气温曲线图

（四）24：00 时中心区至边缘区温度变化比较

沿着城市中心区向边缘区发展的两条轴线，气温均明显表现出由高到低的趋势。由于夜间水面释放热量高于陆地，热量由空气流动带向下风向处，Case6 有部分下垫面属性将水面更换为建设用地后，轴线上的气温曲线表现出了位于城市中心区的两条轴线上均有较长一段气温低于 Case5 的现象，最大温差可达 2 ℃。但在图 6-16 中，我们还是清楚地看到，在现状案例 Case1′ 的轴线上，城中气温要远低于其他两个案例。这说明城市上风向下垫面的属性变化为建设用地后，夜间热量释放会对下风向产生较大的影响。

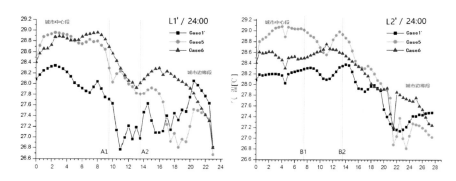

图 6-16　轴线 L1′、L2′ 在 24：00 时 2 m 高处气温曲线图

由以上分析我们看出，水面对周边气温的影响在清晨最明显，午间最弱。由于城市盛行风的作用，城市边缘区自然下垫面转化为人工建设用地后，城市热岛范围会明显扩大，热岛现象加剧。上风向的水体对下风向的城市气温影响也是比较明显的，夏季会导致位于下风向的城市中心区气温的升高，因此对城市通风廊道区位的选择、廊道内下垫面属性的选择，应当慎重考虑。

第六节　城市下垫面变化区全天能量平衡日变化曲线比较

太阳辐射是能量的来源，经过大气削弱之后到达地表的太阳直接辐射和散射辐射之和称为太阳总辐射。单位时间、单位面积地表吸收的太阳总辐射和大气逆辐射与本身发射辐射之差称为地面净辐射。在本章三个案例的区位、时间相同的情况下,我们认为太阳辐射时间相等,但在开阔的自然下垫面地区,其实照时间要大于有建筑物遮挡的城市下垫面地区。城市建筑物-空气-地面系统的热量平衡方程为:

$$(1-\alpha_{us})Q_{\downarrow} + Q_{L\downarrow} - Q_{L\uparrow} = H + LE + \Delta H_P + \Delta H_S + \Delta H_F \quad (6.1)$$

α_{us} 为城市下垫面所接收的太阳短波反射率;

$Q_{\downarrow}$ 为太阳总辐射;

$Q_{L\downarrow}$ 为城市大气长波辐射通量密度;

$Q_{L\uparrow}$ 为城市下垫面长波辐射通量密度;

H 为城市下垫面与大气之间的感热交换通量;

LE 为下垫面与大气之间的潜热通量;

ΔH_P 为人为释放的热量(广义的如人、机动车、空调等释放的热量);

ΔH_S 为下垫面(包括建筑物和不同性质的地面)贮存的热量变化,即地面热通量;

ΔH_F 为城市热平流量的变化。

我们也可以将热量平衡方程简化为:

$$R_n + A_n = H + LE + S + A \quad (6.2)$$

R_n 为净辐射量;

A_n 为人工产热量;

H 为湍流显热交换通量,或称为地气显热交换通量;

LE 为下垫面与空气间潜热交换通量,或称为地气潜热交换通量;

S 为地面热通量——后续图中以 G 表示;

A 为热平流量,此项由于热收支基本持平,故可忽略不计。

由于城市建设用地向边缘区的不断扩张,市郊下垫面性质发生改变,引起该区域全天候能量平衡方面各要素发生改变,进而直接影响城市的热环境。图 6-17 是 Case1′、Case5、Case6 区块东南片区下垫面变化区(见图 6-1)的全天能量平衡日变化曲线图。由图我们可以看到,显热通量值(H)在6:00至 18:00 的时间段内,随着下垫面的扩张呈上升趋势,即 $H_{Case6} > H_{Case5} > H_{Case1′}$,说明自然下垫面转化为人工下垫面后显热有所增加;而潜热通量在

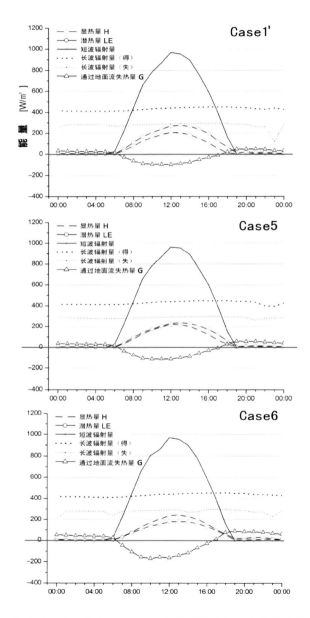

图 6-17 Case1′、Case5、Case6 全天能量平衡日变化曲线图

逐渐减小，即 $LE_{Case1'} > LE_{Case5} > LE_{Case6}$。自然界潜热通量的主要形式为水的相变，在大气科学和遥感科学领域，潜热通量被定义为下垫面与大气之间水分的热交换。由于自然下垫面逐渐转化为建设用地，尤其是 Case6 中的部分水面变为建设用地后，可供与大气交换的下垫面含水量明显减少，潜热通量值当然变小，原本转化为潜热通量的太阳辐射能量，只能转化为显热通量和地面热通量。

第七节　本 章 小 结

从区域扩张温度差场值比较图中可以看出，建设用地扩张对城市的热环境影响是比较明显的，尤其在日落以后表现更加突出，影响的区域主要为下垫面属性变化区，并且随着扩张的程度不同，影响的程度、范围甚至区位，都会有差别。由于水的比热容比较大，泥土和砂石的比热容较小，在同样受热或冷却的情况下，水的温度变化没有泥土、砂石等的温度变化明显，所以在相同的日照情况下，水面气温上升较慢，日间温度较低，但到了晚上和清晨，水的温度下降较慢，水面气温较高。因此在 22:00—23:00 时段，出现了两个建设用地扩张的案例的选择区域气温平均值持平的现象。由此可见，城市上风向边缘区低用地强度的开发利用会对城市热环境产生一定的影响，但水体的作用也是不容忽视的。

根据风场图可以看到，城市的东南部下垫面性质发生变化对城市风场会产生一定的影响。根据数据模拟风场图，可看出风向改变明显于风速的变化，在热动力大的中午时段和晚间热岛环流明显的时段表现尤为突出。

由两个采样点的全天气温图可以看到，在 18:00 前各案例建设用地扩张对气温的影响微弱；傍晚后影响逐渐明显，随着建设用地面积的扩张，采样点片区气温升高，高比热容的水体在夜间对城市气温产生的影响比白天大，热岛强度会在 8:00—11:00 时间段出现负值。随着城市扩张，下垫面地表由天然下垫面变为建设用地，蓄热能力增加，在向城市中心区输送热量的同时，也会向市郊输送热量。比较两个采样点的气象数据，我们可以看到，离变化区较近的副中心区风环境受城市边缘区变化影响更为突出。

从对城市中心区至边缘区的两条轴线的分析中我们可以看出,水体对周边气温的影响问题值得关注。由于城市盛行风的作用,上风向的水体对下风向的城市气温影响比较明显,在夏季将直接导致位于下风向的城市中心区气温的升高,热岛现象加剧。因而对城市通风廊道位置、下垫面属性的选择,应慎重考虑。

由于城市建设用地向边缘区的不断扩张,市郊下垫面属性发生改变,引起该区位全天候能量平衡方面各参数值的改变,这将直接影响城市的热环境。显热通量值(H)在 6:00 至 18:00 的时间段内,随着下垫面的扩张呈上升趋势,潜热通量在逐渐减小,原本转化为潜热通量的太阳辐射能量只能转化为显热通量和地面热通量。

第七章 城市边缘区通风廊道模式对城市热环境影响

第一节 城市通风廊道概述

在全球气候变暖与快速城市化背景下,城市热岛效应、大气污染等使得城市环境质量急剧下降,对城市居民的身心健康造成严重威胁。通过建设城市通风廊道,将周边地区清新凉爽的空气引入城市,提升城市空气流通能力,是促进城市空气循环,降低城市污染,特别是舒缓夏季热岛效应,降低冬季雾霾,增强城市的自然调节能力的重要手段。

通风道,即风的通道,英文中的 urban ventilation channel、urban ventilation path 被译为城市通风道。我国在 20 世纪八九十年代的城市气候学研究中开始提及将新鲜空气引入城市的观点,21 世纪初,城市规划学科才开始呼吁城市通风道的规划与建设,但大多在定性分析与原则性建议层面,虽然 2006 年开始在北京、上海、武汉等大型城市开展城市通风道的初步探讨与建设,但鉴于相关研究有限的指导意义,工作的有效性受到限制。目前已有学者开始以量化的模式研究通风廊道的问题。李鹃、余庄的《基于气候调节的城市通风道探析》一文,描述了 CFD(计算流体动力学)技术在城市通风问题上的运用,并进行了一系列实例模拟分析。文中指出,在城市中建立多种形式的通风道,能提高城市的通风和排热能力,达到有效利用自然资源和降低夏季城市"热岛效应"、节约能源的目的。文中还详细论述了通风道的可行性和必要性、营建方式、注意原则等问题,是国内较早的、较有代表性的进行通风廊道量化研究的文章之一。朱亚斓、余莉莉、丁绍刚的《城市通风道在改善城市环境中的运用》一文,从城市的整体尺度出发,研究了城市风向与通风道的关系,在城市总体规模、城乡边缘的空间结构和城市外部空间形态等方面提出了建设通风道的有效途径，并展望了其广阔的应用前景。席宏正、焦胜、鲁利宇的《夏热冬冷地区城市自然通风廊道营造模式研究》一文，对长沙市夏季东南风入口设计，城市通风廊道的营造，通风廊道的长度、节点等方面进行了探讨，并以流体力学原理对以车行道为风道这一理论进行了半定量分析，得出直线型河道可作城市的通风廊道，但曲线廊道则难当此重任的结论。城市主干道可作城市通风廊道，几何尺度（道路的长、宽、高）的函数关系是关键，高架桥与立交桥是通风的最大局部障碍。刘姝宇、沈济黄的《基于局地环流的城市通风道规划方法——以德国斯图加特市为例》一文，通过对斯图加特山地区域的案例进行研究，分析了德国城市通风道规划的工作程序——信息采集、气候功能评估、指导方针与规划目标制定，并从气候生态补偿空间、作用空间、空气引导通道等方面总结了基于局地环流的当代德国城市通风系统规划方法。研究结果表明，掌握翔实的地理与气候数据信息等一手资料，并通过综合运用地理信息系统与数值模拟技术，可以准确模拟静风条件下城市内部及周边的局地环流运行状况，实现城市通风道的定位、定量规划。

由上面的概述我们可以了解到，研究者已着手以多种方式对通风廊道问题进行研究，并得出一系列结论，为提高我国城市通风道建设的有效性提供了很大的帮助。本文将以基于城市冠层模型 UCM 的中尺度气象 WRF 模拟来进行城市通风廊道模式的量化研究。设定各种通风廊道模式，比较各模式对扩张后城市热环境的作用，以寻找适合武汉市夏季的通风廊道设置方法。

第二节　模拟案例设定

城市建筑用地扩张是城市发展中不可回避的问题，政府、研究机构都在努力探索各种土地使用方式，以规避或尽量减少城市扩张带来的不利影响。本章对于城市通风廊道的研究，仍依据武汉市规划局颁布的《武汉市城市总体规划（2010—2020 年）》中有关城市空间规划和绿地系统规划的方案进行，探讨六个生态绿楔中东南部的两个绿楔对夏季城市气候环境的影响，以寻找合适的通风廊道模式。武汉城市绿化规划方案的"六楔入城"是指保护建设都市发展区由外向内延伸的由山体湖泊、水域湿地、森林、城市绿地、风景区、农田等组成的六片城市楔型绿化开敞空间,布局深入主城区核心的东湖、武湖、府河、后官湖、青菱湖、汤逊湖等六大放射状楔形绿地,建立联系建成区内外的生态廊道和城市风道,深入主城区核心,以改善城市热岛效应(见图7-1)。本书主要关注武汉夏季城市热环境问题,故选择了武汉市东南片区的两大绿楔——汤逊湖绿楔、青菱湖绿楔(见图7-2)。由于中尺度气象模型 WRF 的城市冠层模型更改下垫面参数的特殊要求,我们将原本城市用地状况的三个圈层(三种用地强度区)改为两个圈层(两种用地强度区,绿楔内用地另设):以城市主干道的雄楚大道及延长线(城市二环线)为界的内圈为研究的第一用地强度区(见图7-2),此层为较高开发强度圈层,其容积率和建筑密度为定值。城市二环线至城市外环线间区域(不包括绿楔用地)为第二用地强度区,此圈层土地开发强度低于第一圈层。各案例两圈层的容积率、建筑密度及其他城市特征因素取值(建筑高度、绿地率及人工排热值)参照上一章节中 Case3 的取值,亦为定值(见表7-1及表7-2)。绿楔中用地设为第三用地强度区,其下垫面参数随设计方案发生变化。

图7-1　武汉城市放射状楔形绿地规划图

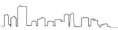

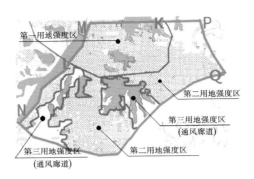

图 7-2　武汉市东南片区绿楔模拟案例地形图

表 7-1　城市现状案例用地强度参数设定一

要素	圈层	Case1″
容积率	圈层（一/31）	4.0
	圈层（二/32）	2.75
建筑密度/(%)	圈层（一/31）	40
	圈层（二/32）	38

表 7-2　城市现状案例用地强度参数设定二

要素	圈层（一/31）	圈层（二/32）
建筑高度/m	30/(10 层)	21/(7 层)
绿化率/(%)	30	30
城市非绿化用地占比	0.70	0.70
屋顶宽度/m	55.0	30.0
道路宽度/m	20.0	20.0
人为热/(W/m²)	90	50

　　此案例是针对绿楔进行的研究，故设第一、第二用地强度圈层的参数均为定值；第三圈层是我们研究的目标，故第三圈层内用地参数取值将发生一系列变化（见图 7-3）。通风廊道模式纵向示意图如图 7-4 所示，不同廊道模式案例设定如下。

　　（1）Case1″，由于 WRF 软件对下垫面参数的要求，针对通风廊道的用地参数情况（两个用地强度圈层）而设定的现状案例，只作基准案例，不参与此

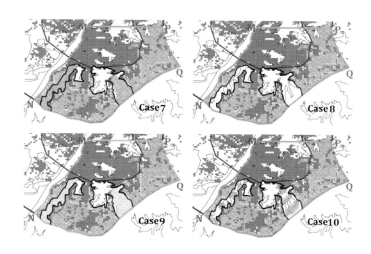

图 7-3　各种绿廊模式地形图

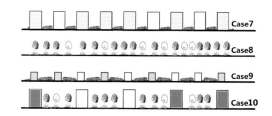

图 7-4　通风廊道模式纵向示意图

章研究比对(取值见表 7-1 及表 7-2)。

（2）Case7,将通风廊道内下垫面设定为建设用地,廊道内建设用地强度与廊道两边相同,实质是一个没有预留通风廊道的案例,简称"无绿廊模式"(取值见表 7-3 及表 7-4)。

表 7-3　城市"无绿廊模式"案例用地强度变化参数设定一

要素	圈层	Case7
容积率	圈层(一/31)	4.0
	圈层(二/32)	2.75
	圈层(三/33)	2.75

123

要素	圈层	Case7
建筑密度/(%)	圈层（一/31）	40
	圈层（二/32）	38
	圈层（三/33）	38

表 7-4　城市"无绿廊模式"案例用地强度变化参数设定二

要素	圈层（一/31）	圈层（二/32）	圈层（三/32）
建筑高度/m	30/(10 层)	21/(7 层)	21/(7 层)
绿化率/(%)	30	30	30
城市非绿化用地占比	0.70	0.70	0.70
屋顶宽度/m	55.0	30.0	30.0
道路宽度/m	20.0	20.0	20.0
人为热/(W/m²)	90	50	50

（3）Case8，将通风廊道内下垫面不进行人工改变，保持原本自然下垫面的形式，廊道内水体和植被保留，并且不做任何用地性质的改变，简称"纯绿廊模式"（取值见表 7-5 及表 7-6）。

表 7-5　城市"纯绿廊模式"案例用地强度变化参数设定一

要素	圈层	Case8
容积率	圈层（一/31）	4.0
	圈层（二/32）	2.75
建筑密度/(%)	圈层（一/31）	40
	圈层（二/32）	38

表 7-6　城市"纯绿廊模式"案例用地强度变化参数设定二

要素	圈层（一/31）	圈层（二/32）
建筑高度/m	30/(10 层)	21/(7 层)
绿化率/(%)	30	30
城市非绿化用地占比	0.70	0.70

续表

要素	圈层（一/31）	圈层（二/32）
屋顶宽度/m	55.0	30.0
道路宽度/m	20.0	20.0
人为热/（W/m²）	90	50

（4）Case9，将通风廊道内下垫面设定为低密度建设用地（用地强度低于廊道两边建设用地），建筑低矮，水体被填埋，绿化率较高，简称"低密度建筑廊道模式"（取值见表 7-7 及表 7-8）。

表 7-7　城市"低密度建筑廊道模式"案例用地强度变化参数设定一

要素	圈层	Case9
容积率	圈层（一/31）	4.0
	圈层（二/32）	2.75
	圈层（三/33）	0.5
建筑密度/（%）	圈层（一/31）	40
	圈层（二/32）	38
	圈层（三/33）	15

表 7-8　城市"低密度建筑廊道模式"案例用地强度变化参数设定二

要素	圈层（一/31）	圈层（二/32）	圈层（三/33）
建筑高度/m	30/（10 层）	21/（7 层）	10（3 层）
绿化率/（%）	30	30	60
城市非绿化用地占比	0.70	0.70	0.40
屋顶宽度/m	55.0	30.0	20.0
道路宽度/m	20.0	20.0	20.0
人为热/（W/m²）	90	50	30

（5）Case10、Case11、Case12，将通风廊道内下垫面间隔设定为建设用地，用地强度与廊道两边建设用地强度相同，廊道内建设用地之间原有水体和植被仍然保留，简称"间隔建筑廊道模式"（取值见表 7-9 及表 7-10）。

表 7-9　城市"间隔建筑廊道模式"案例用地强度变化参数设定一

要素	圈层	Case10	Case11	Case12
容积率	圈层(一/31)	4.0	4.0	4.0
	圈层(二/32)	2.75	2.75	2.75
	圈层(三/33)	2.75	3.8	1.52
建筑密度/(%)	圈层(一/31)	40	40	40
	圈层(二/32)	38	38	38
	圈层(三/33)	38	38	38

表 7-10　城市"间隔建筑廊道模式"案例用地强度变化参数设定二

要素	圈层(一/31)	圈层(二/32)	圈层(三/33)		
			Case10	Case11	Case12
建筑高度/m	30/(10 层)	21/(7 层)	21/(7 层)	30/(10 层)	12/(4 层)
绿化率/(%)	30	30	30	30	30
城市非绿化用地占比	0.70	0.70	0.70	0.70	0.70
屋顶宽度/m	55.0	30.0	30.0	30.0	30.0
道路宽度/m	20.0	20.0	20.0	20.0	20.0
人为热/(W/m²)	90	50	50	80	30

第三节　通风廊道各模式的气温状况比较

一、日间城市区域气温场、气温差场状况分析

图 7-5 为日间多时刻气温场及风场图。日出后太阳辐射的强度快速增加,在 10:00—16:00,由于日照对下垫面气温起着决定性作用,城市中心区至城市边缘区气温差异很小,典型时段各案例气温场没有明显的热岛现象。图 7-6 为日间多时刻气温差场图,由该图我们看到,Domain3 内绝大部分区

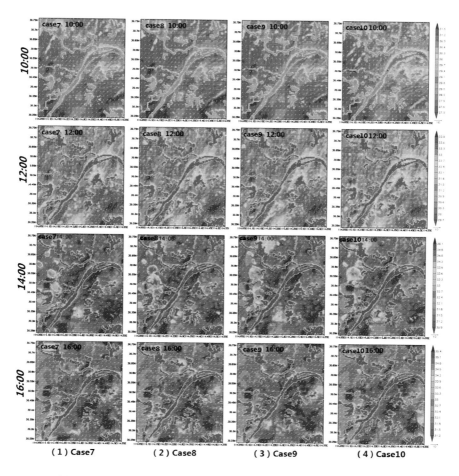

图 7-5　日间典型时刻 Case7、Case8、Case9、Case10 气温场及风场图

域各时段气温差多在±0.5 ℃以内。比对各组差场图，我们看到，Case8-Case7、Case10-Case7 每一组在各典型时刻，廊道内均有明显的负温差斑块，且负温差斑块形状相似，斑块显示出下午的差场强度略高于上午。而Case9-Case7 这一组在各典型时刻，廊道内没有明显的负温差斑块存在。经过对各案例廊道内下垫面属性的比对研究发现，Case7 与 Case9 廊道内下垫面均设定为建筑用地，虽然用地强度不一，但陆地的热熔比相近，白天强烈的太阳辐射使得此处没有明显温差；而 Case8 廊道内下垫面性质没有发生变

127

动,保持了原来的水体形状,Case10 廊道内下垫面被更改为间隔低密度建设用地,仍留有间隔的水体存在,因而我们认为下垫面性质的不同导致了这一现象的产生。高绍凤在《应用气候学》中指出,水体的热惯量和比热容大于自然下垫面土壤和植被的热惯量和比热容,它和人工下垫面的水泥、砂浆、沥青等比热容相近,但水体有明显的蒸腾作用,且水体只有表面(地表)吸收热量,而建设用地为立体吸热,即相同地界的水体吸收热量小于建设用地吸收的热量,自然地表 2 m 处的气温也就不同,建设用地处气温高于水体。因此,在 Case8-Case7、Case10-Case7 中便会出现负温差值。图 7-6 中 14:00 各差场图中 Domain3 的西部有明显的正负温差斑块,观察此处发现 Case8、Case9、Case10 与 Case7 风环境差异较大,气温不同则空气热动力不一,风速、风向也就不尽相同。

二、20:00—24:00 时段城市区域气温场、气温差场状况分析

(一) 气温场

图 7-7 为 20:00、21:00、23:00、24:00 气温场图。由图可以看出,在夜间各案例城市热岛表现得非常明显。20:00 时主导风向为自南向北,由于风力的作用,城市冠层内的热量也随着向北移动,因而城市北郊气温普遍高于南郊,主城区外围南至东郊风力较大,西至北郊风力则较小,形成较明显的热岛环流,20:00 时 Case8、Case9 的热岛范围和 30 ℃以上高气温范围相对 Case7、Case10 小。21:00 时由于风力、风向的作用,城市热岛向城市西北部移动,Case9 热岛范围及 30 ℃以上高气温范围最小,Case8 次之,Case10 则范围最大。23:00 时,经过几个小时的散热,城市冠层内各个案例的气温均有所下降,热岛强度也明显减弱。四个案例中的 Case10 热岛范围依旧最大,热岛强度也最明显,气温在 28 ℃以上的区域最广,Case8 的热岛强度则表现最弱。此时城市盛行风为南风,由于 Case10 城市冠层内气温更高,热动力更充足,风力也就最大,吹向城市北部的热量也最多。Case7、Case9 风力较小,故仍有高于 28 ℃以上气温区滞留于城市南部。由于主导风的作用,源自主城区冠层内的热能、动能的补充,四个案例城市北部区域的风力均明显大于

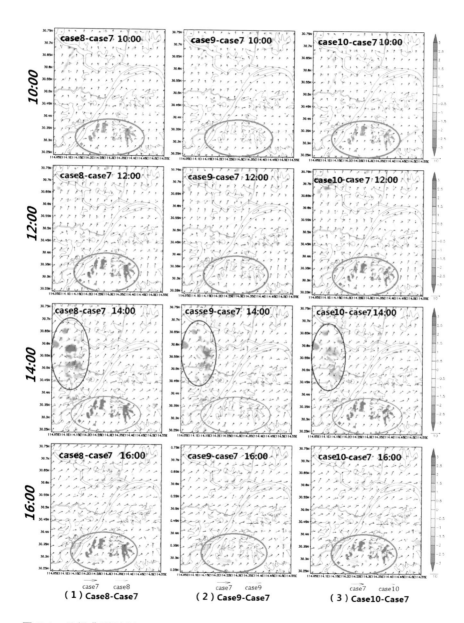

图 7-6　日间典型时刻 Case8-Case7、Case9-Case7、Case10-Case7 气温差场及风差场图

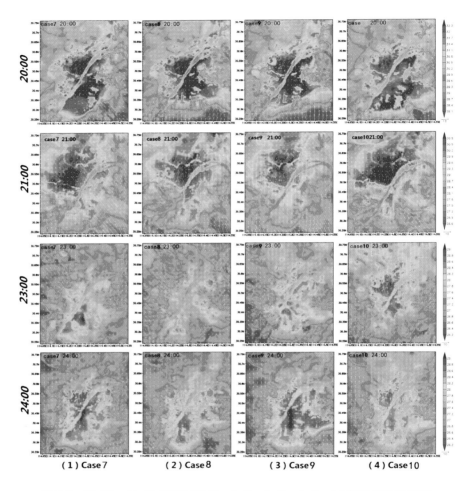

图 7-7　20:00—24:00 典型时刻 Case7、Case8、Case9、Case10 气温场及风场图

南部区域。23:00 以后,随着区域风速的减弱,地表持续散发的热量会在城市冠层内囤积,导致冠层内气温有所回升,其中 Case9、Case7 尤为明显。而 Case10 风力大于其他案例,其反弹程度最低。这种状况说明,夜晚城市的热岛效应并不一定随着时间推移持续下降,而是与风环境有明显的关系。还有一点值得注意,在风速相同的情况下,反弹越明显,则说明下垫面的散热能力越强,如 Case9。

（二）气温差场

图 7-8 为 20：00—24：00 时间段气温差场图。与 Case7 相比，20：00 时，Case8-Case7、Case9-Case7、Case10-Case7 中的 Domain3 南部通风廊道及其附近有明显负温差斑块区（见图中圈 B），说明此部位 Case8、Case9、Case10 的气温均低于 Case7。就负温差斑块的面积来看，$S_{Case8-Case7} > S_{Case9-Case7} > S_{Case10-Case7}$。就负温差斑块的程度来看，$\Delta T_{Case8-Case7} > \Delta T_{Case9-Case7} > \Delta T_{Case10-Case7}$。由此可推出 20：00 时各案例廊道处的气温 $T_{Case8} < T_{Case9} < T_{Case10} < T_{Case7}$。由于各案例廊道部位下垫面属性不同，散热能力不同，在廊道及周边形成了风力大小不等、风向不尽一致的热环境。例如，廊道的东南部出现了正温差值区，且范围大小和程度强弱各不相同，20：00 时图 7-8 中的（2）面积和强度均表现最弱、（3）最强（见图中圈 A）。又如，中心城区三个温度差场也表现不同，20：00 时图 7-8 中的（1）（2）有较明显的正温差斑块，（3）则为较明显的负温差斑块（见图中圈 C），说明此刻中心区 C 处 Case10 的气温降至最低，依据 20：00 时图中圈 A、圈 B 温差和风差场图，我们可以推导出 Case10 的廊道模式导致城市南部流向下风向圈 C 处的热量少于 Case8、Case9，换言之，Case8、Case9 在此时刻的廊道模式通风性较 Case10 好，而 Case10 的通风性最弱。

21：00 时，与 Case7 相比，图 7-8 中的（1）（2）（3）的城市东北部都表现出了不同程度的正温差现象，仔细观察各图的风速、风向标发现，留有廊道的 Case8、Case9、Case10 均使得城市中心区和中东部地块的风向有不同程度的顺时针偏转，改变了热量流动的方向，这在图 7-9 的中心城区放大图中表现得非常明显。

23：00 时，Case7、Case8、Case9 市域内风速较 21：00 风速明显减小，也就是说，此刻风力对城市热量流动影响较小，故图 7-8 中的（1）（2）大部分区域气温差场较弱，而 Case10 风速较其他案例略大，在盛行风（南风）的作用下，城市冠层内的热量流向城市北部，使得该区域正温差明显。中心城区表现出不同程度的温差，即 $\Delta T_{Case10-Case7} > \Delta T_{Case9-Case7} > \Delta T_{Case8-Case7}$，廊道部位仍存在较明显的负温差现象。总之，23：00 时，Case8、Case9、Case10 与 Case7 的差场图表现出城市冠层内热量北移的现象。

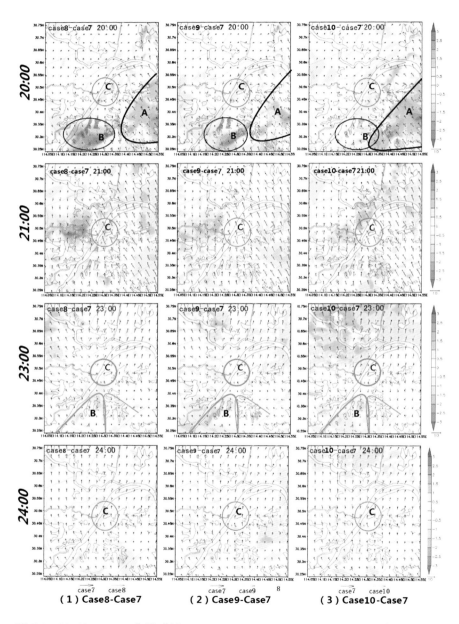

（1）Case8-Case7   （2）Case9-Case7   （3）Case10-Case7

图 7-8   20:00—24:00 典型时刻 Case8-Case7、Case9-Case7、Case10-Case7 气温差场图

　　23:00 时以后,随着各案例风速的减弱,Domain3 范围内气温差场表现不甚明显。气温差场图中(2)中心城区有较弱的正温差,(1)(3)均有较弱的负温差,此刻(3)的城市北部仍有较明显的正温差存在,此处的空气动能也略大。

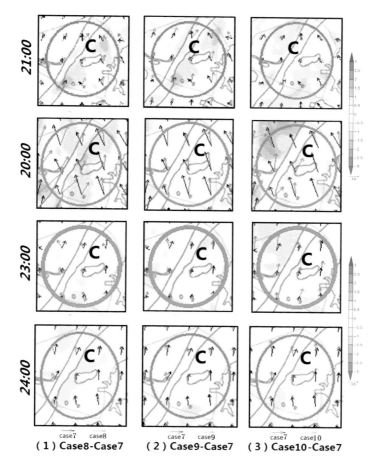

图 7-9　20:00—24:00 典型时刻 Case8-Case7、Case9-Case7、Case10-Case7
　　　　气温差场中心城区放大图

　　由上半夜多典型时刻的气温场及气温差场图我们可以看到,与无廊道的 Case7 相比较,城市东南部通风廊道及附近部位均表现出不同程度的负温

差现象。这说明有廊道的案例在该部位的气温均较低,其原因有两点:一是当廊道部位为天然下垫面和低密度建设用地(Case8、Case9)时,下垫面的植被、土壤有良好的蒸腾作用和散热性,日间贮存的热量较少;二是当廊道内部有水体存在(Case8、Case10)时,由于水体为单面散热,散热速度小于同等面积的建设用地,相同时间内散热量必然较少。而无廊道的Case7白天多面吸热(各立面及屋顶),故贮存了大量的热量,在日落后也进行了立体散热,散热速度较快,散热量大,其廊道及周边部位的气温必然高于其他案例。就前半夜时段整个区域整体而言,Case10较高气温范围和强度大于其他案例。

三、2∶00—5∶00 时段城市区域气温场、气温差场状况分析

图 7-10 为 2∶00、3∶00、4∶00、5∶00 时 2 m 高处各案例气温场图。由图中可以看到,在 2∶00—5∶00 时段,西南风为城市的盛行风,风力很小。在2∶00—3∶00 时段,城市热岛位于长江以东区域,城市高温区非常明显,经对2∶00前数据进行查证,2∶00 以前 Domain3 的风环境也为西南风,由此看来,城市热岛的区位并不是固定不变的,而是与风环境有很大关系。随着时间的推移,城市下垫面热量逐渐释放,热岛强度和范围也逐渐减小。观察3∶00—4∶00 时段的气温场图发现,这个时段内热岛范围缩小、热岛效应减弱均非常明显。我们将 4 个案例的气温场图进行比较,可见每一个典型时刻Case8 与 Case10 情况均比较接近,但 Case10 气温场高温斑块面积略大于Case8;Case7 和 Case9 情况接近,Case7 高温斑块面积略大于 Case9;高温斑块面积排序为 $S_{Case10} > S_{Case8} > S_{Case7} > S_{Case9}$。还有一点值得关注,Case9 的各时刻气温场图在廊道内均表现出气温最低的现象(见图 7-10 中的(3)圈内)。

图 7-11 为 2∶00、3∶00、4∶00、5∶00 时 2 m 高处 Case8、Case9、Case10 与Case7 的气温差场。图中我们看到,Domain3 的绝大部分区域仅有微弱的差场(除廊道内)。与 Case7 相比较,各典型时刻差场图的廊道部位均有较明显的温差斑块存在,$\Delta T_{Case8-Case7} > 1.0\ ℃$,$\Delta T_{Case10-Case7} > 1.0\ ℃$,$\Delta T_{Case9-Case7} < -1.0\ ℃$(见图 7-11 中的蓝圈内)。前面我们曾注明 Case7 没保留廊道,或者说廊道内建设用地强度与周边一致,Case8 廊道内为由水和植被构成的天然下垫面,Case9 廊道内为低用地强度的建设用地,Case10 廊道内间隔布置

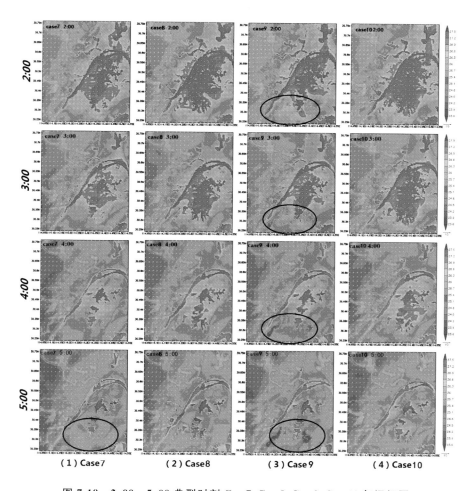

图 7-10　2:00—5:00 典型时刻 Case7、Case8、Case9、Case10 气温场图

着与周边强度一致的建筑用地,且间隔保留有水和少量植被。正是由于廊道内用地性质和形态发生了改变,其热物理性能也随之发生了变化。水体的比热容较大,水的热惯量虽与砂石、混凝土和沥青构成的人工下垫面热惯量值相近,但其散热面积远小于相同占地面积的建筑用地,前者为平面吸热及散热,后者为立体吸热及散热,因而水体吸热及散热较慢。以土壤、草地和林木等为覆盖材料的下垫面热惯性小,散热能力强。以此原理作为理论

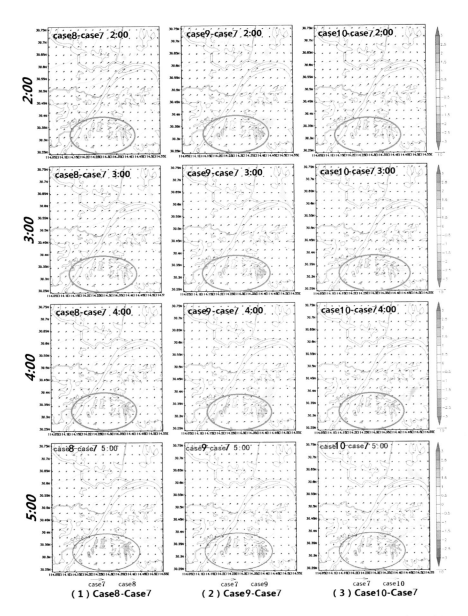

图 7-11　凌晨 2:00—5:00 典型时刻 Case8-Case7、Case9-Case7、Case10-Case7 气温差场图

支撑，当没有日照时，存在污水堤，且绿地率高的 Case9 廊道内散热性能最好、气温最低，此时 Domain3 气温场状况最理想。Case10 廊道内白天蓄热高于 Case8、Case9，夜晚又持续散热，因而气温最高，此时 Domain3 气温场状况最不理想。

依据以上各典型时刻气温场、气温差场的分析，我们将夜晚和凌晨 Domain3 热环境状况（高温区域面积和高温强度）按其热岛效应由小到大进行了排列，得出各案例的热环境评价表，见表 7-11（A＜B＜C＜D）。依据此表我们对几个案例进行比较，可以看出 Case9 的热环境评价好于其他案例，而 Case10 则为不理想案例。

表 7-11　基于气温场、气温差场的各案例热环境评价

时间	序号			
	Case7	Case8	Case9	Case10
2:00	B	C	A	D
3:00	B	C	A	D
4:00	B	C	A	D
5:00	B	C	A	D
20:00	D	A	B	C
21:00	C	B	A	D
23:00	C	A	B	D
24:00	C	A	D	B

四、主城区和中心城区各案例全天气温曲线分析比对

通过以上对气温场、气温差场的分析，我们了解了典型时刻 Domain3 热环境的基本概况。图 7-12 是全天气温的平均数据，以此来观察一天内不同时间点各案例的变化。图 7-12 中的（1）T-M 组曲线是三环线以内主城区各案例的平均气温曲线，图 7-12 中的（2）T-C 组曲线是二环线以内中心城区各案例的平均气温曲线。由于日间太阳对下垫面的强烈辐射，在 6:00—21:00 这一时段，两组平均气温曲线均差异较小（Case9 略高，Case10 略低），一天的最高气温均出现在 15:00—16:00。将两组曲线进行比较可看出，T-M 组最高平均气温比 T-C 组最高平均气温高 0.3 ℃，由此可以看出，在太阳辐射起

决定作用的时段,高用地强度区建筑的遮阳作用可使得其冠层内气温低于低用地强度区。21:00以后,两组内的各案例气温曲线均开始出现差异,直至次日6:00。22:00差异最为明显,T-M组温度呈 $T_{Case10} > T_{Case9} > T_{Case8} \approx T_{Case7}$,最大温差达到 $0.5\ ℃$;T-C组温度呈 $T_{Case10} > T_{Case9} > T_{Case8} > T_{Case7}$,最大温差约为 $0.5\ ℃$,之后各曲线开始聚拢。在21:00—24:00时段,T_{Case9} 居于较高和最高位,和前面气温场结果非常吻合,表明此时段 Case9 的廊道下垫面(只此处与其他案例不同)有较强的散热能力,即夜间快速散热,使凌晨气温较低。在0:00—6:00时段,两组曲线气温均处于一天中较低时段,5:00—6:00达到最低,主城区和中心城区的平均气温均表现出 $T_{Case10} \approx T_{Case8} > T_{Case9} \approx T_{Case7}$ 的特点,说明在后半夜时段,Case7、Case9 中心城区和主城区气温状况略好于 Case8、Case10。由气温曲线图我们可以看出,Case7、Case9 在热岛效应突出的夜间,尤其在后半夜,是比较合适的案例。而就城市用地的使用性价比来看,Case9 应为首选。

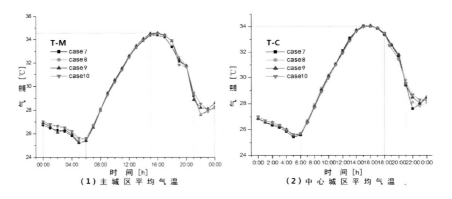

图 7-12　主城区、中心城区各案例全天平均气温曲线图

第四节　通风廊道各模式的风环境比较

(一) 风场比较

建筑用地扩张使得下垫面性质发生变化,这是城市发展的需要。为城

市保留绿楔、留出通风廊道,则是为了让城市有更好的空气环境。下面是不同模式通风廊道的几个案例在各时间点的风速及风向场图,通过对风场的了解来比较不同廊道模式的空气流动状况。

图 7-13 为 2011 年 8 月 13 日 5:00、14:00、20:00、24:00 四个时间点各模式廊道案例的 Domain3 区域范围内 10 m 高处风向及风速模拟结果。由图中我们可以看到,在 5:00 时,城市气温最低,空气动能低,各个案例的风速均很小,廊道内下垫面属性的不同产生的影响很小,风向也无太大差别,只在长江沿岸和城市下风向的东北角有些许不同。14:00 时,整个城市气温升

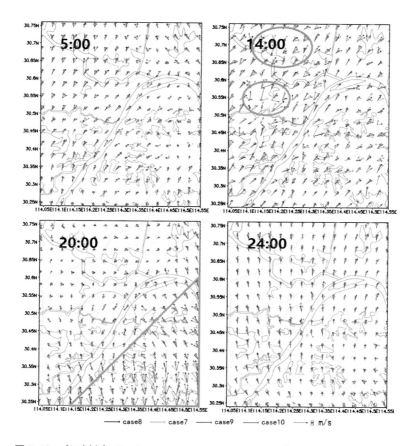

图 7-13　各时刻点 Case7、Case8、Case9、Case10 10 m 高处风速及风向比较图

高，冠层内空气动能较大，风速也大，尤其是沿长江和汉水两江三地、廊道的下风向区及城市西北角，各案例风速及风向的差异非常明显。20:00 左右城市风系及热岛环流明显，各案例城市中心区风速都很小，市域内由南向北风力明显递减。城市东南角内各案例风力强劲，风速及风向差异较大，且有差异的区域主要分布在廊道的上风向。这说明不同廊道内下垫面的热动力会向郊外扩散，影响郊外的风环境。此刻，武昌片区主要为南风和东南风，汉口片区主要为西南风和西风，风速较小。长江成为风环境明显的分界岭。24:00 时，整个市区在总体上看，风环境趋于平稳，由于热量流向了城市北部，南部风速及风力较小，北部较大，且各案例风向及风速差别不大。

（二）风速曲线比较

图 7-14 中的（1）为 Domain3 全天各案例平均风速曲线，图 7-14 中的（2）为通风廊道内全天各案例平均风速曲线。由两组曲线我们可以看出，白天太阳辐射对下垫面气温起决定性作用，也决定了空气热动力的大小，故在日出至日落时段，Domain3 内各案例风速的差异不大，波动值也不大。但接近日落时，太阳辐射量减少，不同性质下垫面释放热量的能力各不相同，尤其在通风廊道内，各案例风速明显表现出各自的特点。Domain3 内各案例平均风速自 20:00 开始表现出较明显的差异，直至 24:00。廊道内各案例平均风速自 18:00 开始出现明显的不同，直至 24:00。图 7-14 中的（1）Case10 风速曲线在 6:00—22:00 时段处于低值位，图 7-14 中的（2）Case10 风速曲线在

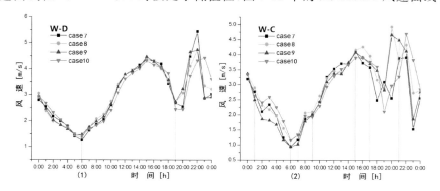

图 7-14　Domain3 及通风廊道内各案例平均风速曲线比较图

6：00—21：00 时段处于低值位；（1）中 Case10 风速曲线在 23：00—24：00 及 0：00—6：00 处于高值位，（2）中 Case10 风速曲线在 22：00—24：00 及 0：00—6：00 处于高值位。这一现象与气温曲线（图 7-12）基本吻合，即气温高，空气热能、动能大，风力也大，反之亦然。

第五节　总结与策略

依据武汉城市总体规划提出的城市六大绿楔，我们对武汉城市东南片区的通风廊道进行了基于 UCM 的 WRF 夏季模拟，并得出了一系列量化指标，目的是希望通过对量化指标的分析与比对来评定和选择合理、可行的武汉市东南片区通风廊道模式。

通过对城市边缘区不同的通风廊道模式（Case7、Case8、Case9、Case10）在多个时刻的气温场和气温差场的比较，即综合白天、上半夜和下半夜直至清晨的结果，我们看到各案例在清晨和中午差别不大，而在晚间无日照时段，城市热岛情况会逐渐明显起来。Case7 廊道内布置了与周边相同的建筑用地，即廊道并不存在，由于填埋了水体，下垫面属性发生了改变，比热容变大，白天蓄热加强（立体蓄热），夜晚释放热量的速度也加快。虽然夜间主城区之外仍有较大面积的高温区，或者说夜晚涉及的范围较大，但夜间主城区和中心城区平均气温曲线处于低位。就城市土地利用而言，Case7 最经济实惠，但绿地率低、生态性弱，对城市的可持续发展不利。

在纯绿廊模式的 Case8 中，水面仍然保留，下垫面的比热容较大，白天会在一定程度上调节周边环境，但夜晚散热缓慢，使得周边气温下降速度缓慢。间隔廊道模式的 Case10 白天蓄量增加（立体蓄热），由于水体的保留，夜间散热依旧缓慢，故此廊道模式对周边热环境并没起到疏散或缓解的作用，甚至会使情况更为不利，就城市热环境而言，此案例最不可取。Case8 廊道内为天然下垫面，没有设置建设用地，在前半夜的某些时段，城市热岛范围较小，平均气温也较低，但在后半夜至清晨，由于水体不断释放热量，热岛范围较大，平均气温较高，对城市的热环境缓解作用也不理想，且就城市土地利用的经济性而言，性价比不高。Case9 与 Case7 相似，也将下垫面水面换

成了建设用地,只是用地强度较 Case7 低,下垫面属性的改变使比热容变小,白天蓄热加强(立体蓄热),夜晚释放热量的速度也加快了,除了 23∶00—24∶00 这一快速散热时段,其他时段(夜间、凌晨)Domain3 内均表现出较其他案例更好的热环境特征,如热岛范围小、气温曲线多处于低位等。低密度的建设用地具有一定的经济性(随着建筑档次的提高,可能具有更高的经济价值),而高绿化率又保证了城市生态性,性价比最高,因此 Case9 是四种廊道模式中的首选。

通过对通风廊道各案例的城市风环境进行比较,我们看到在不同时段各案例的表现不一。中午,城市冠层内热动力强,风速大,水域周边及城市下风向区内的各案例差异较明显;20∶00 左右城市热岛环流最明显,廊道附近差异明显;24∶00 时,城市热量流向了下风向,各案例的城市风环境均表现出下风向风速及风力变大的态势。

总之,白天太阳辐射决定了城市的气温,水体的蒸发对周边气温稍有调节作用,且夜晚的作用大于白天。由此看来,大片水体布置在通风廊道夏季盛行风的上风向部位并不是一个好的选择,如果用植被丰富的下垫面或低密度建设用地替换水体,布置在通风廊道的上风向处,将会对主城区和中心城区起到更好的降温作用。通风廊道对风速、风向的影响,比对气温的影响更加明显。

第八章 结论与展望

第一节 结 论

武汉城市的发展日新月异，城市的不断扩展必然导致城市热环境的恶化。本书采用移动实测和基于城市冠层模型的中尺度模拟进行了一系列的研究，通过大量的量化指标比对，得出如下结论。

（1）从实测入手对武汉城市东南片区热环境进行实地调研和分析，其结论为，无论在冬季还是夏季，武汉城市中心区清晨均存在热岛效应，冬季热岛效应非常明显，通常情况下可达 4 ℃～5 ℃，甚至更多，夏季则较弱，在 2 ℃左右，冬季城市热岛影响的范围也要大于夏季。由于水面特殊的物理性能，江面和湖面在冬季及夏季均能对周边环境起到一定的调节作用，且长江水面的作用力度（温度和风力）和范围（湖泊在 500 米内，长江在 1500 米内）均大于湖泊；但与土壤与植被等陆地下垫面相比，其蒸散性（尤其是湖面）对城市夏季夜晚热环境的缓解不利。人工耗能（此处指耗电和耗油），尤其是汽车尾气排放和空调、照明用电，在夏季会使气温明显增加平均 2 ℃～3 ℃，甚至带来更大的影响。故城市设计中节点（广场、花园）的合理布局、管理，能有效地改善街区的微气候。

（2）基于城市冠层模型 UCM 的中尺度气象 WRF 模拟法，对武汉市东南片区边缘区用地范围不变、用地强度变化的案例进行研究，结果发现，清晨、中午时间段建设用地扩张对城市气温的影响极微；20:00 左右城市风系明显，下垫面变化区域的各案例相比较有 0.5 ℃的差值存在；23:00 时热环境所影响范围在下垫面变化区的下风向、城市北部较集中，温差比较明显。城市用地强度存在一个极限值。小于极限值，太阳直射量加大，城市冠层内部蓄热量增加，街区层峡中温度较高，但城市散热能力也相对增强；超过极

限值,建筑遮阳作用显现出来,太阳直射量减少,城市冠层内部蓄热量减少,街区层峡中温度偏低,但城市散热能力也相对减弱。城市中心区和次中心区采样点 H₁、H₂ 热岛强度在 17:00 左右达到最高值。由两条不同走向的轴线温度我们看到,水面能在一定范围内把气温控制在某温度值左右。当边缘区用地强度达到一定值时,城市中心区气温将维持在一定的温度;随着时间的推移,下垫面逐渐散热,克服下垫面摩擦阻力的空气动能减少,城市中心区气温不会随着边缘区用地强度的增加而增加,而是存在某个限值,使得边缘区气温对城市中心区的影响有拐点存在。

（3）对武汉东南片区的区域扩张进行 UCM 及 WRF 模拟可以看出,建设用地扩张,尤其在日落以后,对城市热环境影响更加明显。由于水的比热容比较大,在相同的日照情况下,水体温度上升慢,因此日间温度较低;到了晚上和凌晨,水的温度下降也慢,水体自身和周边温度较高。由此可见,虽然城市边缘区的开发利用会对城市热环境产生一定的影响,但对水面的处理也不容忽视。城市的东南部下垫面性质发生变化,对城市风场会产生一定的影响。根据数据模拟的结论,风向改变明显于风速的变化,这在热动力大的中午时段和晚间热岛环流明显的时段表现较为突出。就两个采样点的全天温度而言,傍晚后影响逐渐明显,随着用地面积扩张,采样点气温升高,而热岛强度会在 8:00—11:00 时间段出现负值,说明由于城市冠层内部建筑遮阳的作用,正午时段气温比郊外低。副中心区风环境受城市边缘区变化影响尤为明显。通过对中心区至边缘区的两条轴线的分析我们看出,水面对周边气温的影响在清晨最明显,午间最弱;由于城市盛行风的作用,水体对下风向的城市气温影响比较明显,夏季直接导致位于下风向的城市中心区气温升高,热岛现象加剧。城市建设用地向边缘区不断扩张,显热通量值（H）在 6:00—18:00 时间段随着下垫面的扩张呈上升趋势,潜热通量则逐渐减小,原本转化为潜热通量的太阳辐射能量只能转化为显热通量和地面热通量。

（4）各个案例的通风廊道在清晨和中午差别不大,而在晚间差别会逐渐明显起来。纯绿廊模式的 Case8 和间隔绿廊模式的 Case10 中保留有水体,其下垫面的比热容较大,白天会在一定程度上调节周边气温,但在夜晚散热较慢,使得周边气温下降速度缓慢。Case9 与 Case7 廊道内下垫面均为建设用地,只是 Case9 较 Case7 用地强度低,下垫面比热容较小,虽然白天蓄热能力增强(立体蓄热),但夜晚释放热量的速度也在加快,23:00—24:00 的快速散热,使得该案例表现出较其他案例更好的热环境特征。低密度的建设用地具有一定的经济性(随着建筑档次的提高,可能具有更高的经济价值),而高绿化率又保证了城市生态性,性价比最高,因而 Case9 是四种廊道模式中的首选。通过对各种通风廊道案例的城市风环境的比较,发现20:00左右城市热岛环流最明显,廊道附近各案例风环境差异明显,24:00时各案例的风环境均表现出下风向风速、风力逐渐变大的趋势。

第二节　创　新　点

1. 城市边缘区土地使用性质变化对城市气候的影响

本书以武汉城市现状用地和2020年总体规划用地的各项用地指标为基础参考值,运用移动测试和 WRF 模拟的方法,以武汉市夏季盛行风上风向部位的边缘区土地为研究对象,对其城市边缘区建设用地的强度变化、范围扩张以及空间形态变化对城市夏季气候的影响进行探讨。通过对若干案例的设置、模拟、数据提取和数据分析,寻找城市边缘区扩张、下垫面性质改变与城市近地表气候环境之间的关系,并分析了城市热环境问题突出的区位和时间。

2. 不同通风廊道模式对城市气候的影响

通风廊道是解决现代城市热环境恶化的有效途径,通过对通风廊道的多模式案例的设置、模拟和数据提取来比对各种通风廊道模式对城市气候的影响,选择出理想的优化模式,为未来城市气候环境改善探索出切实可行的方法。

3. 有效的量化研究

通过对城市边缘区用地强度、扩张程度、通风廊道空间形态的若干案例

的研究，得出一系列基于土地利用的城市气象量化指标，为城市规划工作提供数字支撑的科学依据。

第三节　未来与展望

城市化是中国发展的基调，城市的巨型化、群体化已经是中国城市发展目前的方向，如京津翼、长三角、武汉8＋1等大型城市圈逐渐形成，城市化与气象、生态、资源的共生共存是我们必须面对的问题。对于城市规划问题的研究，多基于历史学、社会学的角度，而从自然科学的角度对其进行量化研究，更是迫切的需求。

从气象学入手，基于城市冠层模型的中尺度气象模拟，对城市的布局、形态进行量化研究，目前还是比较新的思路和方法，研究目前仍处于初始阶段，还有一些疏漏和未解决的问题，以及很多亟待发现和完善的地方。从软件开发方面来看，如地理数据的实时更新问题、图像清晰度问题（即提高分辨率的问题）、WRF与多层 UCM 的耦合与计算量巨大等问题，都需要我们不断进行探索。单从城市规划研究的角度来看，城市下垫面建设用地指标的进一步整合、人工耗能热排放数据的准确录入、软件的进一步完善、参数的精度等都需要众多的科技工作者共同努力，如此才能更好地保证研究结果的有效性。这不是一朝一夕的工作，需要长久的坚持与不断的探索。

经过本次对武汉市东南片区热环境的研究，我们发现仍有不少问题亟待解决。例如：整个城市的扩展将会给城市夏季气候带来什么样的变化，城市的扩展带来的冬季气候状况又是如何？采用同样的参数设定是否能在更大的空间范围内顺利进行模拟工作？武汉城市六大绿楔共同作用对城市环境、城市气候的影响如何？城市圈的发展会给区域气候带来什么样的结果？而在城市热环境研究的基础上进一步关注城市用地扩展对城市空气污染的问题，更是人们关注的焦点。作为科学工作者，我们有责任将此项工作继续拓展，为人们营造更好的生存环境。

由于资源和时间的限制，本书的研究还存在一些问题和未完成的工作，留待以后进一步研究和补充。以下是对未来研究提出的几点建议：希望政府和有关部门合理有效地利用现有的条件建立完善的数据库,以供研究者和城市工作者使用;希望城市规划、土地管理部门牵头,建立多部门、多学科的社会公共研究平台,以实现资源的有效共享和成果的及时交流,共同促进城市规划与研究工作的开展。

附录 关于 WRF 模式中耦合城市冠层模型 UCM 之概述

  weather research and forecasting model(WRF)是当今比较流行的中尺度天气预报模式。由于计算机技术的迅速发展,气象预报技术也随之突飞猛进。

  早期,人们对城市气候研究的处理方法主要是利用建立在平坦、均匀下垫面上的传统 Monin-Obukhov 近地层相似理论和能量收支理论。这种简单描述城市下垫面的方法没能考虑城市下垫面结构的非均匀性和城市建筑对城市低层大气的动力、热力特征及地面能量平衡的影响。而城市建筑物对空气具有黏滞性和摩擦作用,这使得城市边界层内有了很强的风切变特征,当其与地表储热特征相遇时,城市边界层内便形成各种尺度的湍流涡旋,使一定范围的城市地表对近地面大气环流具有一定的影响作用。自奥克提出城市冠层(urban canopy layer)的概念,便把城市冠层与城市边界层明确划分开。2000 年,美国国家环境预报中心(NCEP)、美国国家大气研究中心(NCAR)等科研机构开发出了新一代中尺度预报和同化模式 WRF,目的是给理想化的动力学研究、全物理过程的天气预报、空气质量预报以及区域气候模拟提供一个通用的模式框架。在之前的版本,城市效应可应用 Noah 路面模式来描述,通过调整模式网格中的反射率及粗糙度等来反映城市作用;从 V2.2 版本开始,Kusaka H 等就将一个单层的城市冠层模型(UCM)耦合到了 WRF 模式中。通过调整模式网格中关于城市区域的参数,如反射率、粗糙度等来反映不同的城市地表对大气的作用;这样不仅考虑了城市的几何特征,还考虑了建筑物对辐射的遮挡以及对短波辐射和长波辐射的反射作用等。多项研究表明,这种模拟方案对城市的热储存效应、流场和降水的分布特征等都有更好的模拟能力。目前对于中尺度数值模式(WRF)中陆面参数化方案、精细下垫面及城市冠层方案模拟等的研究,国内外学者已经做了一定的工作。

一、关于城市冠层模型

（一）城市冠层模型的界定

所谓"城市冠层"，就是距离城市建筑顶部一定高度的群体。1987 年，奥克首次提出了城市冠层（urban canopy layer）的概念，它与建筑物高度、密度、几何形状、建筑材料、街道宽度和走向、绿化面积等关系密切。而城市边界层（urban boundary layer）则是从建筑物屋顶到积云中部高度这一层，与城市冠层存在物质、能量交换，并受周围环境的影响（见本书第一章图 1-1）。

早在 20 世纪末，国内外学者们就开始针对城市下垫面对风场的影响和城市湍流特征进行研究，改进了以往建立在平坦、均匀下垫面上的传统 Monin-Obukhov 近地层相似理论和能量收支理论。这提升了人们对城市冠层的认识程度，即通过区别下垫面的动力及热力特征参数来体现城市特征，考虑城市下垫面结构的非均匀性和城市建筑对城市低层大气的动力、热力特征及地面能量平衡的影响。自 21 世纪以来，城市冠层模式与参数化方案得到了进一步的发展和改进，也更多地与中尺度气象模式结合来模拟城市气象。在简单的 Slab 模式（surface-layer scheme，见附图 1）中，建筑作为平坦的、一定厚度的小块介质层处理，只区分下垫面类型的热容量、热传导、反射率、粗糙度等，显然其精确度是极其有限的。在多层城市冠层模式（multi-layer urban canopy model，见附图 2）中，对城市冠层的各个方面考虑得较为全面，因而模式也较为复杂。Kusara 等发展了单层的城市冠层模式（single-layer urban canopy model，见附图 3），建立均一化的城市街区模型，区分了墙面、屋顶、地面在能量收支平衡和风切变环流中的不同影响。Kusara、Tewari 等对单层模式进一步改进，如将模式中屋顶、路面、墙面划分为多层，各层间有热量交换，考虑内部的热量平衡；考虑因人类活动能量消耗的人为热量释放；还考虑了城市绿化植被对城市气候的影响。本研究采用的是改进后的单层城市冠层模式。

149

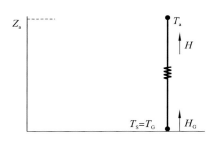

附图 1　Slab 模式

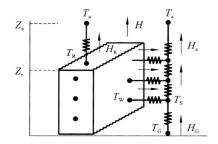

附图 2　多层城市冠层模式（multi-layer urban canopy model）

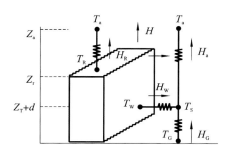

附图 3　单层城市冠层模式（single-layer urban canopy model）

T_a 为参考高度；

Z_a 为大气温度；

T_G 为道路温度；

H 为参考高度上的感热交换；

T_R 为建筑物屋顶温度；

T_W 为建筑物墙壁温度；

T_S 为定义在 $Z_T + d$ 高度的温度；

H_a 为从街谷到大气的感热通量；

H_W 为从墙壁到街谷的感热通量；

H_g 为从道路到街谷的感热通量；

H_r 为从屋顶到大气的感热通量。

（二）地表参数化及主要参数计算方法

在应用数值模式研究城市问题时，由于城市下垫面的复杂性，使得在这些模式中要考虑城市各表面几何特征中的各种辐射效应。如建筑物各表面对辐射的吸收、反射、遮蔽以及多次反射吸收等过程，在三种面（街谷中有三种表面，即屋顶、路面和墙面）上分别建立考虑了各表面几何特征的能量平衡关系。近年来使用的 UCM（城市冠层模型）在考虑建筑物影响时以城市街区为单元，在街区内的三种不同表面（屋顶、墙面和路面）采用能量平衡方法，分别计算出三种表面的表层温度，通过通量关系计算出三种不同表面与街区大气间的感热交换，以及计算能量及动能在地表及大气之间的交换。用屋顶、墙面及路面的辐射能量收支平衡，求解地温预报方程，最后通过面积平均加权的方法计算向冠层上部大气层的热通量输送。UCM 与大气模式耦合时，输入与输出的主要物理参数如附表 1 所示。

附表 1　大气模式向 UCM 输入及 UCM 向大气模式输出的参数

大气模式向 UCM 输入（atmospheric input the present single-layer urban canopy model）			UCM 向大气模式输出（atmospheric output from the single-layer urban canopy model）		
物理量名称	符号	单位	物理量名称	符号	单位
参考高度	Z_a	m	感热通量	H	W/m^2
Z_a 处温度	T_a	K	潜热通量	IE	W/m^2
Z_a 处纬向风速	U_a	m/s	地表热通量	G	W/m^2
Z_a 处经向风速	V_a	m/s	反射的短波福射	S'	W/m^2
Z_a 处比湿	q_a	kg/kg	发射的长波辐射	L	W/m^2
向下的太阳直接辐射	S_D	W/m^2	动量通量	τ	Kg/ms^2
向下的太阳漫射	S_Q	W/m^2	纬向动量通量	τ_x	Kg/ms^2
向下的长波射	L'	rad	经向动量通量	τ_y	Kg/ms^2
纬度	ϕ	rad	屋顶表面温度	T_R	K
太阳赤纬	δ	rad	墙壁表面温度	T_W	K
			道路表面温度	T_G	K

1. 太阳短波辐射通量的描述

在单层城市冠层模式中，向下短波辐射一般分为直接向下太阳短波辐射和天空漫射辐射。通过考虑建筑物之间的遮蔽和墙面之间对太阳辐射的反射作用，以及分别计算建筑不同表面的辐射效应，可被用来研究建筑各表面所获得的太阳辐射能。附图4为在不同太阳高度角下，建筑物墙壁对太阳辐射的遮蔽情况。

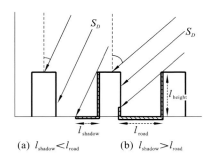

(a) $l_{shadow} < l_{road}$ (b) $l_{shadow} > l_{road}$

附图 4　单层城市冠层模式中建筑物墙壁的太阳辐射遮蔽示意图

在附图 4 中，S_D 为射入水平地表的太阳直接辐射；

l_{road} 为归一化的道路宽度（$l_{road} + l_{shadow} = 1$）；

l_{shadow} 为归一化的遮蔽长度；

l_{height} 为归一化的建筑物平均高度（下面公式中用 h_c 表示）。

阴影长度计算公式见式（附 1.1）。

$$l_{shadow} = \begin{cases} h_c \tan\theta_z \sin\theta_n \ (l_{shadow} < l_{road}) \\ l_{road} \ (l_{shadow} > l_{road}) \end{cases} \quad （附 1.1）$$

θ_z 为太阳天顶角；

θ_n 为以街道轴线为基准定义的太阳方位角。

当 $l_{shadow} > l_{road}$ 时，遮蔽高度 h_s 的计算公式见式（附 1.2）。

$$h_s = h_c - \frac{l_{road}}{\cot\theta_n} \tan\left(\frac{\pi}{2} - \theta_z\right) \quad （附 1.2）$$

遮蔽高度以下的墙面太阳直接辐射为 0。

屋顶、墙壁及道路吸收的太阳短波福射公式见式（附 1.3）。

$$S_R = S_D(1 - \alpha_R) + S_Q(1 - \alpha_R) \qquad (附 1.3)$$

S_R 为建筑物屋顶表面吸收太阳辐射量;

S_D 为到达建筑物表面的直接太阳短波辐射;

S_Q 为漫射辐射;

α_R 为屋顶行星反照率。

建筑物墙壁对太阳直接辐射和反射辐射的吸收公式见式(附 1.4)及式(附 1.5)。

$$S_{\text{W.1}} = S_D \frac{l_{\text{shadow}}}{2h_c}(1 - \alpha_{\text{W}}) + S_Q F_{\text{W}\rightarrow\text{s}}(1 - \alpha_{\text{W}}) \qquad (附 1.4)$$

$$S_{\text{W.2}} = \frac{l_{\text{road}} - l_{\text{shadow}}}{l_{\text{road}}}\alpha_G F_{\text{W}\rightarrow\text{G}}(1 - \alpha_{\text{W}}) + S_Q F_{\text{G}\rightarrow\text{s}}\alpha_G F_{\text{W}\rightarrow\text{G}}(1 - \alpha_{\text{W}})$$

$$+ S_D \frac{l_{\text{shadow}}}{2h_c}\alpha_{\text{W}} F_{\text{W}\rightarrow\text{w}}(1 - \alpha_{\text{W}}) + S_Q F_{\text{W}\rightarrow\text{s}}\alpha_{\text{W}} F_{\text{W}\rightarrow\text{w}}(1 - \alpha_{\text{W}})$$

$$(附 1.5)$$

其中,角标 R 为 roof,表示屋顶、W 为 wall,表示墙壁、G 为 road,表示路面、S 为 sky,表示天空);角标 1、2 分别为对直接辐射和反射辐射的吸收。

城市道路对太阳直接辐射和反射辐射的吸收公式见式(附 1.6)及式(附 1.7)。

$$S_{\text{G.1}} = S_D \frac{l_{\text{road}} - l_{\text{shadow}}}{l_{\text{road}}}(1 - \alpha_{\text{G}}) + S_Q F_{\text{G}\rightarrow\text{s}}(1 - \alpha_{\text{G}}) \qquad (附 1.6)$$

$$S_{\text{G.2}} = S_D \frac{l_{\text{shadow}}}{2h_c}\alpha_{\text{W}} F_{\text{G}\rightarrow\text{w}}(1 - \alpha_{\text{G}}) + S_Q F_{\text{W}\rightarrow\text{s}}\alpha_{\text{W}} F_{\text{G}\rightarrow\text{w}}(1 - \alpha_{\text{G}})$$

$$(附 1.7)$$

2. 长波辐射通量的描述

城市冠层模型对长波辐射的处理采用 Masson 的方法,以街谷内建筑物平均高度与街道宽度之比来确定天空可视因子。屋顶的可视因子为 1,屋顶表面的净长波辐射即为大气向下长波辐射与屋顶表面向上释放的长波辐射之差值。

屋顶、墙壁、道路表面对长波净辐射的吸收计算公式见式(附 1.8)、式(附 1.9)、式(附 1.10)、式(附 1.11)及式(附 1.12)。

$$L_R = \varepsilon_R(L^{\downarrow} - \sigma T_R^4) \tag{附 1.8}$$

$$L_{W.1} = \varepsilon_W(L^{\downarrow} F_{W \to S} + \varepsilon_G \sigma T_G^4 F_{W \to G} + \varepsilon_W \sigma T_W^4 F_{W \to W} - \sigma T_W^4) \tag{附 1.9}$$

$$L_{W.2} = \varepsilon_W \big[(1 - \varepsilon_G) L^{\downarrow} F_{G \to S} F_{W \to G} + (1 - \varepsilon_G) \varepsilon_W \sigma T_W^4 F_{G \to W} F_{W \to G}$$
$$+ (1 - \varepsilon_W) L^{\downarrow} F_{W \to S} F_{W \to W+} + (1 - \varepsilon_W) \varepsilon_G \sigma T_G^4 F_{W \to G} F_{W \to W}$$
$$+ \varepsilon_W (1 - \varepsilon_W) \sigma T_W^4 F_{W \to W} F_{W \to W} \tag{附 1.10}$$

$$L_{G.1} = \varepsilon_G \big[L^{\downarrow} F_{G \to S} + \varepsilon_W \sigma T_W^4 F_{G \to W} - \sigma T_G^4 \big] \tag{附 1.11}$$

$$L_{G.2} = \varepsilon_G \big[(1 - \varepsilon_W) L^{\downarrow} F_{W \to S} F_{G \to W} + (1 - \varepsilon_W) \varepsilon_G \sigma T_G^4 F_{W \to G} F_{G \to W}$$
$$+ \varepsilon_W (1 - \varepsilon_W) \sigma T_W^4 F_{W \to W} F_{G \to W} \big] \tag{附 1.12}$$

$L^{\downarrow}$ 为大气向下长波辐射;

T_R 为屋顶表面温度;

T_W 为墙壁表面温度;

T_G 为道路表面温度;

ε_R 为屋顶比辐射率;

ε_W 为墙壁比辐射率;

ε_G 为道路比辐射率。

3. 单层城市冠层模式中热通量及动量通量的计算

城市冠层模型 UCM 对屋顶表面、墙壁表面和道路表面的感热通量分别进行计算,其公式见式(附 1.13)、式(附 1.14)、式(附 1.15)及式(附 1.16)。

$$H_W = C_W(T_W - T_S) \tag{附 1.13}$$

$$H_G = C_G(T_G - T_S) \tag{附 1.14}$$

$$C_W = C_G = \begin{cases} 7.51 U_S^{0.78} (U_S \geqslant 5 \text{ms}^{-1}) \\ 6.15 + 4.18 U_S (U_S < 5 \text{ms}^{-1}) \end{cases} \tag{附 1.15}$$

$$H_a = \rho c_p \frac{k u_*}{\Psi_h} (T_S - T_a) \tag{附 1.16}$$

街谷区域与上方大气之间的感热交换或通过街谷顶部的热通量方程见式(附 1.17)及式(附 1.18)。

$$\Psi_h = \int_{\zeta_T}^{\zeta} \frac{\phi_h}{\zeta'} d\zeta' \tag{附 1.17}$$

$$L = -\frac{\rho c_P T u_*^3}{k g H_n} \tag{附 1.18}$$

$\zeta_0 = z_0/L$ 为 $\zeta_T = z_T/L$，和 $\zeta = (z_a - d)/L$ 为 Monin-Obukhov 长度。

在式（附 1.13）至式（附 1.18）中，T_W 为墙壁表面温度；

T_G 为道路表面温度。

T_S 为在 $(z_T + d)$ 高度的街谷表面温度，由能量平衡方程及公式（附 1.13）、公式（附 1.14）和公式（附 1.16）、公式（附 1.18）计算得出。

U_S 为 $Z_0 + d$ 高度的风速；

U_A 为 Z_a 高度的风速；

U_* 为摩擦速度；

K 为卡曼常数；

ρ 为参考高度的空气密度；

c_p 为干空气比热；

Ψ_h 为动量稳定度函数；

T 为平均温度；

z_T 为潜热粗糙长度。

在不稳定条件下，L 来自隐式方程，这个隐式方程可以通过迭代进行求解。

4. 单层城市冠层中风速的计算

在城市冠层内，建筑物墙壁及道路的感热通量、街谷顶以下的平均风速和剪切应力随深度衰减，模式中假设混合长度 l 是常数，其中还使用了涡旋黏滞模型。在此假设单位体积空气内的切应力辐散与拖曳力相平衡，见公式（附 1.19），可得出指数分布的风扩线方程见公式（附 1.20）。

$$-\frac{\partial}{\partial z}\left(\gamma_V K_m \frac{\partial U}{\partial z}\right) - \gamma_V c_d a_z U = 0 \qquad (附\ 1.19)$$

$$U = U_a \frac{\lg\left[(z_a - d)/z_0\right]}{\lg\left[(z_r - d)/z_0\right]}\exp\left[-n(1 - z/z_r)\right] \qquad (附\ 1.20)$$

a_z 为高度函数等于单位体积空气内的建筑物面积；

C_d 为拖曳系数；

γ_V 为有效流体体积。

外场试验和数值模拟均证实城市冠层中的风扩线是指数分布的。

5. 单层城市冠层模型中温度的计算

边界条件设定最低层为常温或零热通量,建筑物屋顶、墙壁、道路内部的温度通过数值求解一维能量守恒方程,见公式(附1.21)和公式(附1.22)。

$$G_{Z,i} = -\lambda_i \frac{\partial T_{Z,i}}{\partial z} \qquad\qquad (附1.21)$$

$$\frac{\partial T_{Z,i}}{\partial t} = -\frac{1}{\rho_i c_i} \frac{\partial G_{Z,i}}{\partial z} \qquad\qquad (附1.22)$$

$G_{Z,i}$ 为 Z 深度第 i 种表面的热通量;

$T_{Z,i}$ 为 Z 深度第 i 种表面的内部温度;

λ_i 为第 i 种表面的内部热传导率;

$\rho_i c_i$ 为第 i 种表面的定体比热容,下标;

i 为建筑物屋顶、墙壁或道路。

二、关于 WRF 模式

WRF 模式分为 ARW(advanced research WRF)和 NMM(nonhydrostatic mesoscale model)两种,即研究用和业务用两种。WRF 模式为完全可压缩以及非静力模式,采用 F90 语言编写。水平方向采用 Arakawa C(荒川 C)网格点,垂直方向则采用地形跟随质量坐标(eulerian mass coordinate),它是在 σ 坐标的基础上建立的地面为 1、模式层顶为 0 的垂直坐标。WRF 模式适用于重点进行水平分辨率为 1~10 km 天气和气候的研究,支持区域的单向和双向嵌套,对各种天气和中小尺度系统有较强的模拟能力。此处仅对物理方案和计算模式进行略述。

(一)物理过程参数化方案

WRF 模式包含了大量物理过程参数化方案,如云微物理过程参数化方案、积云对流参数化方案、大气辐射传输过程参数化方案、行星边界层参数化方案、近地层方案、WRF 陆面过程方案等,下面进行简单介绍。

1. 云微物理过程参数化方案

云微物理过程是中尺度数值模式中重要的非绝热加热物理过程,云微物理过程可分为微物理方案(显式方案)和积云对流参数化方案(隐式方案),概括为如下几种方案。

(1) Kessler 方案:简单的包含水汽、云水和雨水的暖云方案。

(2) Purdue Lin 方案:有冰、雪和霾等过程的方案,是 WRF 模式中相对复杂的方案,适用于实时资料的高分辨率模拟。

(3) WSM3 方案:包含冰和雪过程的简单冰相方案,适用于中尺度网格大小的气候模拟。

(4) WSM5 方案:允许过冷水存在,使得雪花降到融化层以下时可以慢慢融化。

(5) Ferrier 方案:其中与水物质有关的预报变量有两类,一类是水汽混合比,另一类是把云水、雨水、冰、雪、霾等混合物的总量作为一个预报变量,降水由混合物总量通过诊断关系计算出来。在雪、霾或者冰雨形成过程中,它可以提取局地云水、雨、云冰和冰水密度变化等信息,沉降过程按照将时间平均的雨水通量分为进入网格内的通量和从网格底部流出的通量,快速调整微物理过程,以适应大的时间积分步长。

2. 积云对流参数化方案

积云对流参数化方案描述次网格尺度积云的凝结加热和垂直输送效应,将对流引起的热量、水分和动量的输送与模式的预报变量联系起来,可概括为如下几种方案。

(1) Kain-Frirsch 方案:较大尺度产生和积蓄的有效浮力一旦启动对流,在一定特征时间内,消耗这种能量的对流活动能用来描述中尺度模式网格面积内的积云对流。

(2) Betts-Miller-Janjic 方案:考虑积云对流对大尺度环境场的影响,认为积云对流产生净潜热释放和对流降水的结果,必然使原条件不稳定的大气在一定时间内重新处于某一平衡状态或者中性状态。方案中对流廓线和缓冲时间为变量,由云效确定。

(3) Grell 方案:是个集合积云对流参数化方案,即在每个格点上运行多个积云对流参数化方案,计算变量,最后对结果进行平均计算,最终反馈给模式。

3. 大气辐射传输过程参数化方案

辐射传输过程的结果将改变大气中的热力状况,进而影响动力过程。同时热力结构的改变还影响冻结、凝结、核化等云的微物理过程,从而改变云的结构,反过来又影响辐射传输过程。大气辐射传输过程包括如下方案。

(1) rapid radiative transfer model(RRTM)长波辐射方案:在通量和冷却率计算精度上与逐线模式一致的快速辐射传输模式。该方案中所考虑的分子种类包括水汽、O_3、CO_2、CH_4、NO_2 和卤烃等。

(2) eta geophysical fluid dynamics laboratory(GFDL)长波辐射方案:该方案采用简化的交换方法,计算与谱带相关的 CO_2、水汽和 O_3,云的处理考虑随机重叠。

(3) CAM3 长波辐射方案:该方案是美国大气研究中心(NCAR)研制的第五代大气环流模式,不仅考虑云水的光学性质,还加入了云冰以及固液混相粒子的计算方案,考虑 8 个长波谱带,考虑 H_2O、CO_2、O_3、CH_4、N_2O、气溶胶以及 CO_2 次吸收带的作用等,对云的辐射特性参数化方案的改进能更好地模拟大气的辐射能量。

(4) MM5(Dudhia)短波辐射传输方案:简单地计算了由于晴空散射和水汽吸收及云的反射和吸收作用引起的向下的短波辐射通量。

(5) Goddard 短波方案:该方案是一个复杂的谱模式,它计算了由于水汽、O_3、CO_2、O_2、云和气溶胶的吸收作用,以及这些吸收物的散射作用产生的太阳辐射通量。

(6) CAM 短波方案:该方案总共考虑了 19 个谱段,在短波通量和加热率计算中,对云的几何重叠采用灵活的处理方式,可以随机重叠、最大重叠或者以这两种方式任意组合。

4. 行星边界层参数化方案(PBL)

行星边界层是对流层下部直接受下垫面影响的大气层,其中的湍流垂直交换十分显著。主要物理过程包括动量、热量和水汽的输送,以及摩擦和地形影响等。包括 Yonsei University(YSU)PBL 方案和 Mellor-Yamada-Janjic(MYJ)PBL 方案。

（1）Yonsei University（YSU）PBL：用反梯度项表示由非局地引起的通量，其中湍流扩散系数作为湍流动能的函数进行参数化，采用 Monin-Obukhov 相似理论对近地层进行相关的参数化和预报，通过迭代来计算地表通量，对水面上的黏性副层进行显式处理，在陆地上通过对温度、湿度和粗糙度高度计算黏性副层的作用。

（2）Mellor-Yamada-Janjic（MYJ）PBL：不稳定状态下，要求湍流增强时，湍流涡动动能 TKE 的产生过程是非奇异的，由此导出上限的函数形式。稳定状态下，上限的条件是垂直速度离差的变化与 TKE 的比值不能小于相应湍流的变化。

5. WRF 陆面过程方案

中尺度模式中，对下垫面的复杂、非均匀性的准确描述将直接影响陆气相互作用的物理过程的真实反映度，关系到模式的模拟能力及预报的准确性。WRF 模式中主要包含三种陆面模式（LSM）：SLAB LSM、RUC LSM、NOAH LSM。

（1）SLAB LSM：基于 MM5 中的 5 层温度模式发展起来的土壤温度扩散简单方案，每层土壤均考虑向上、向下的热通量，并通过热平衡方程对每一层土壤的温度进行预报。该陆面过程模式没有土壤湿度的预报，而且不包含植被、积雪方案，也没有冻土的物理过程，它的缺陷相对较多。

（2）rapid update cycle（RUC）LSM：包含了 6 层土壤和 2 层积雪，求解 6 层土壤热量和湿度输送方程，以及地表的能量及湿度收支方案，并用隐式方案计算地表通量。

（3）NOAH LSM：是由 NCAR 和 NCEP 联合开发的，可应用于科研和业务预报，模式中增加了适当复杂的植被阻抗。它相对比较复杂，包括了一个 4 层的土壤模块和一层植被冠层的植被模块。可以提供土壤温度、土壤湿度和地表径流等的预报。其初始温度、湿度场均由大尺度场提供的信息经过插值得到。该陆面模式用到的诊断量有土壤中的湿度和温度、冠层中储存的水和地上的积雪，已经得到陆面模式研究者的普遍认可，将其耦合在 PSU/MM5、ETA、WRF 等中尺度模式中。下面主要介绍一下它的热力学过程和水文过程模型。

① 模式土壤热力学过程(简单线性陆面能量平衡公式)见式(附 1.23)、式(附 1.24)、式(附 1.25)及式(附 1.26)。

$$C(\theta)\frac{\partial T}{\partial t} = \frac{\partial}{\partial z}\Big[K_t(\theta)\frac{\partial T}{\partial z}\Big] \qquad (\text{附 }1.23)$$

$C(\mathrm{Jm^{-3}K^{-1}})$ 是容积热容量。

$$C = \theta C_{\text{water}} + (1-\theta_s)C_{\text{soil}} + (\theta_s-\theta)C_{\text{air}} \qquad (\text{附 }1.24)$$

$$K_t(\theta) = \begin{cases} 420\exp[-(2.7+P_f)], & P_f \leqslant 5.1 \\ 0.1744 & P_f > 5.1 < 0 \end{cases}$$

$$P_f = \lg\Big[\Psi_s\Big(\frac{\theta_s}{\theta}\Big)^b\Big] \qquad (\text{附 }1.25)$$

$K_t(\mathrm{Wm^{-1}K^{-1}})$ 是导热率,是包含土壤容积含水量 θ 的函数。

容积热容量:

$$C_{\text{water}} = 4.2 \times 110^6 \mathrm{Jm^{-3}\ K^{-1}}$$

$$C_{\text{soil}} = 1.26 \times 110^6 \mathrm{Jm^{-3}\ K^{-1}}$$

$$C_{\text{air}} = 1004 \mathrm{Jm^{-3}\ K^{-1}}$$

θ 和 Ψ_s 为最大土壤湿度和土壤基势;

K_t 为导热率,最大值设定在 $1.9\mathrm{Wm^{-1}K^{-1}}$。

用公式(附 1.26)对整层土壤求积分。

$$\Delta z_i C_i \frac{\partial T_i}{\partial z} = \Big(K_i\frac{\partial T}{\partial z}\Big)_{z_{i+1}} - \Big(K_i\frac{\partial T}{\partial z}\Big)_{z_i} \qquad (\text{附 }1.26)$$

其中 T_i 最底层的温度假设为地下 3m 的年平均温度。

② 模式土壤的水温过程(土壤容积水含量 θ 的计算公式)见式(附 1.27)。

$$\frac{\partial\theta}{\partial t} = \frac{\partial}{\partial z}\Big(D\frac{\partial\theta}{\partial z}\Big) + \frac{\partial K}{\partial z} + F_\theta \qquad (\text{附 }1.27)$$

D 为土壤水扩散率;

K 为导水率;

F_θ 为土壤水的源和汇(例如降水、蒸发和径流);

$D = K(\theta)(\partial\psi/\partial\theta)$;

ψ 为土壤水势函数;

$K(\theta) = K_s(\theta/\theta)^{2b+3}$;

$\psi(\theta) = \phi_s / (\theta / \theta_s)^b$；

b 取决于土壤类型。

对于一个裸露的土壤，它们对土壤水参数化有很大影响。对式（附 1.27）积分到 4 层土壤，展开 F_θ 有 4 个公式，见式（附 1.28）、式（附 1.29）、式（附 1.30）及（附 1.31）。

$$d_{z1} \frac{\partial \theta_1}{\partial t} = -D \left(\frac{\partial \theta}{\partial z} \right)_{z1} - K_{z1} + P_d - R - E_{dir} - E_{t1} \quad \text{（附 1.28）}$$

$$d_{z2} \frac{\partial \theta_2}{\partial t} = D \left(\frac{\partial \theta}{\partial z} \right)_{z1} - D \left(\frac{\partial \theta}{\partial z} \right)_{z2} + K_{z1} - K_{z2} - E_{t2} \quad \text{（附 1.29）}$$

$$d_{z3} \frac{\partial \theta_3}{\partial t} = D \left(\frac{\partial \theta}{\partial z} \right)_{z2} - D \left(\frac{\partial \theta}{\partial z} \right)_{z3} + K_{z2} - K_{z3} - E_{t3} \quad \text{（附 1.30）}$$

$$d_{z4} \frac{\partial \theta_4}{\partial t} = D \left(\frac{\partial \theta}{\partial z} \right)_{z3} + K_{z3} - K_{Z4} \quad \text{（附 1.31）}$$

d_{zi} 为第 i 层土壤的土壤厚度；

P_d 为降水量；

R 为陆面径流，即超出的降水量；

$R = P_d - I_{max}$。

I_{max} 见式（附 1.32）。

$$I_{max} = P_d \frac{D_x [1 - \text{epx}(-kdt \delta_t)]}{P_d + [1 - \text{epx}(-kdt \delta_t)]} \quad \text{（附 1.32）}$$

D_x 见式（附 1.33），kdt 见式（附 1.34）。

$$D_x = \sum_{i=1}^{4} \Delta Z_i (\theta_s - \theta_i) \quad \text{（附 1.33）}$$

$$kdt = kdt_{ref} \frac{K_s}{K_{ref}} \quad \text{（附 1.34）}$$

其中 $kdt_{ref} = 3.0$ 和 $kdt_{ref} = 2 \times 10^{-6} \, ms^{-1}$ 源于实验。

式（附 1.28）至式（附 1.30）中的 E 见式（附 1.35）。

$$E = E_{dir} + E_c + E_t \quad \text{（附 1.35）}$$

E_{dir} 为土壤蒸发；

E_c 为湿植被蒸腾；

E_t 为植被的蒸腾；

$$E_{dir} = (1 - \sigma_f)\beta E_p;$$

$$\beta = \frac{\theta_1 - \theta_w}{\theta_{ref} - \theta_w};$$

E_p 为潜在蒸发；

θ_{ref} 为土壤容量；

θ_w 为萎蔫点；

σ_f 为绿色覆盖率百分比；

E_c 为湿植被蒸腾，其公式见式（附 1.36）。

$$E_c = \sigma_f E_p \left(\frac{W_c}{S}\right)^n \qquad (附 1.36)$$

W_c 为植被截取水量；

S 为最大的植被含水量；

植被截取的水量收支公式见式（附 1.37）。

$$\frac{\partial W_c}{\partial t} = \sigma_f P - D - E_c \qquad (附 1.37)$$

P 为模式输入的总降水量。

W_c 超过 S 时，超过的降水 D 到达地面。

式（附 1.35）中的 E_t 为植被的蒸腾，其公式见式（附 1.38）。

$$E_t = \sigma_f E_p B_c \left[1 - \left(\frac{W_c}{S}\right)^n\right] \qquad (附 1.38)$$

B_c 为植被抗阻函数，其公式见式（附 1.39）。

$$B_c = \frac{1 + \dfrac{\Delta}{R_r}}{1 + R_c C_h + \dfrac{\Delta}{R_r}} \qquad (附 1.39)$$

C_h 为地面热量和水汽的交换系数；

Δ 为取决于饱和湿度曲线的泄露；

R_c 为植被阻抗，一个陆面气温、陆面气压和 C_h 的函数，其公式见式（附 1.40）。

$$R_c = \frac{R_{cmin}}{\text{LAI } F_1 F_2 F_3 F_4} \qquad (附 1.40)$$

162

$$F_1 = \frac{R_{cmin}/R_{cmax} + f}{1 + f}, \text{其中} f = 0.55 \frac{R_g}{R_{gl}} \frac{2}{\text{LAI}};$$

F_1、F_2、F_3、F_4 分别代表太阳辐射、水汽压亏损、空气温度和土壤湿度的影响；

R_{cmin} 为最小的气孔阻抗；

LAI 为叶面积指数；

R_{cmax}：叶面表面的阻抗设定为 5000 sm^{-1}。

③ 雪和海冰模式

NOAH 陆面模式中只包含了一层雪盖，模拟了雪的堆积、升华和融化以及雪-大气和雪-土壤的热交换。当大气底层的温度小于 0 ℃时，降水被看做是固体降雪。

④ 陆面特征和参数定义

在 NOAH 陆面模式中，植被的分类主要采用美国地质调查中心（U. S. Geological Survey，USGS）提供的分辨率为 1 km 的植被类型，主要包括 22 种植被分类以及水体和积雪、海冰两种地表类型（见本书前文的表 3-4）。

屋面、墙面及路面的热容量值分别为 $1.0E6 \text{ J/m}^3\text{K}$、$1.0E6 \text{ J/m}^3\text{K}$ 及 $1.4E6\text{J/m}^3\text{K}$。

屋面、墙面及路面的热导值分别为 0.67 、0.67 及 0.4004 J/mKS。

屋面、墙面及路面的反射率分别为 0.20、0.20 及 0.20。

屋面、墙面及路面的吸收率分别为 0.90 、0.90 及 0.95。

上述仅对 WRF 进行了部分典型模式的简介，我们可以看到，该模式由各种物理过程参数化方案构成，运转模式时也有多种选择，选择模拟能力相对较好的参数化方案，尽量使得云物理过程、大气辐射传输过程以及边界层过程参数化方案的组合能达到最优效果。

附录参考文献：

［1］ 刘振鑫. 应用城市冠层模式与 WRF 模式耦合研究城市化效应［D］. 北京：北京大学，2013.06.

［2］ 章国材. 美国 WRF 模式的进展和应用前景［J］. 气象，2004，30（12）.

［3］ 胡向军. WRF 模式物理过程参数化方案简介［J］. 甘肃科技，

2008,24(20).

　　[4]　Mukul Tewari. Coupled WRF/Unified Noah/Urban-Canopy Modeling System[EB/OL]. https://ral. ucar. edu/sites/default/files/public/product-tool/WRF-LSM-Urban. pdf.

　　[5]　尹瑞雪. 城市冠层参数化在中的应用研究[D]. 兰州:兰州大学,2012.

　　[6]　朱岳梅. 城市冠层模型的扩展与验证[J]. 建筑科学,2007,23(2).

　　[7]　黄菁. 中尺度大气数值模拟及其进展[J]. 干旱区研究,2012(3).

参 考 文 献

[1] 丁一汇.气候变化科学概论[M].北京:气象出版社,2010.

[2] Oke T R. Boundary layer climates[M]. Lodon:Methuen & Co LTD, 1978:240.

[3] 吴良镛.人居环境科学导论[M].北京:中国建筑工业出版社,2001.

[4] Howard L. The climate of London[M]. London:W Phillips,1818.

[5] Kratzer A.城市气候[M].谢克宽,译.北京:中国工业出版社,1963.

[6] 周淑贞.外国城市气候研究的动态[J].气象科技,1983(4).

[7] Oke T R. Bibliography of urban climate,1977—1980[M]. WCP·45, WMO,1983:39.

[8] Landsberg H E. The urban climate[M]. New York:Academic Press, 1981:17-19.

[9] Victor Olgyay. Design with climate:Bioclimatic approach to architectural regionalism[M]. New Jersey:Princeton University Press,1963.

[10] Marta J N,Oliveira Pana,et al. Numerical analysis of the street canyon thermal conductance to improve urban design and climate [J]. Building and Environment,2009(44):177-187.

[11] Kenichi Narita,et al. Observations on the thermal effects of river water on urban climate——Study on heat budget on water surface and its effects on surrounding areas of Sumida River[J]. Archi. Plann. Environ. Eng.,AIJ.2001(545):71-78.

[12] Jyunimura Yoshiki,et al. Study on mitigation of urban thermal environment by sea breeze:Analysis of air temperature distribution and influence of sea breeze[J]. Journal of Wind Engineering,2003

（95）：69-70.

[13] 周淑贞，张超.城市气候学导论［M］.上海：华东师范大学出版社，1985.

[14] 周淑贞.开展低纬度城市气候研究刍议［J］.华东师范大学学报，1986（1）.

[15] 周淑贞，吴林.上海下垫面温度与城市热岛——气象卫星在城市气候研究中的应用之一［J］.环境科学学报，1987（7,3）：261-268.

[16] 范天锡，潘钟跃.北京地区城市热岛特性的卫星遥感［J］.气象，1987（10）：29-32.

[17] 张景哲，刘启明.北京城市气温与下垫面结构关系的时相变化［J］.地理学报，1988（2）：159-168.

[18] 董黎明，陶志红.中国的地理学与城市规划——回顾与展望［J］.城市规划，2000（3）：30-33,64.

[19] 冷红，郭恩章，袁青.气候城市设计对策研究［J］.城市规划，2003（9）：49-54.

[20] 冯娴慧，王绍增.城市建筑生态布局模式研究［C］//2004城市规划年会论文集.北京：大连出版社，2004：525-529.

[21] 徐小东，王建国.基于生物气候条件的城市设计生态策略研究——以湿热地区城市设计为例［J］.建筑学报，2007（3）：64-67.

[22] 顾朝林，谭纵波，刘宛，等.气候变化、碳排放与低碳城市规划研究进展［J］.城市规划学刊，2009（3）：38-45.

[23] 石春娥，等.一种研究城市发展对局地气候要素影响的新方法及其应用［J］.气象学报，2000（3）：370-375.

[24] 齐静静，刘京，郭亮.遥感技术应用于河流对城市气候影响研究［J］.哈尔滨工业大学学报，2010（5）：797-800,805.

[25] 宋晓程，等.城市水体对局地热湿气候影响的CFD初步模拟研究［J］.建筑科学，2011（8）：90-94.

[26] 姜世中.气象学与气候学［M］.北京：科学出版社，2010.

[27] 上海气象局.上海气候资料［M］.上海：上海气象局，1972.

［28］ 周淑贞.上海近数十年城市发展对气候的影响［J］.华东师范大学学报（自然科学版）,1990（4）.

［29］ Taylor R J. The dissipation of kinetic energy in the lowest layer of the atmosphere［J］. Meteorol Soc.,1952,78（336）:647-648.

［30］ 陈玉荣.城市下垫面热特征与城市热岛关系研究［D］.北京建筑工程学院,2001:124.

［31］ 武汉地方志编纂委员会.武汉市志:1980—2000［M］.武汉:武汉出版社,2006.

［32］ 湖北湿地.武汉湖泊调查报告［N］.楚天都市报,2010-6-23.

［33］ 武汉市国土规划局,武汉市勘测设计研究院.武汉市地理信息蓝皮书［R］.2012.

［34］ Xuesong Li, Hong Chen, Mengtao Han, et al. Research on the temperature gradients change from Wuhan urban center to suburb in summer［J］. Applied Mechanics and Materials Vols,2012（174-177）:3598-3602.

［35］ Xuesong Li,Hong Chen. Observing the urban heat island in Summer from city center to fringe——Taking Wuhan as an example［G］. 2012 International Conference in Green and Ubiquitous Technology,2012（7）:33-36.

［36］ Qihao Weng. Estimation of land surface——vegetation abundance relationship for urban heat island studies［J］. Remote Sensing of Environment,2004,89（4）:467-483.

［37］ Qihao Weng. Fractal analysis of satellite-detected urban heat island effect［J］. Photogram metric Engineering&Remote Sensing,2003,69（5）:555-566.

［38］ Qihao Weng. A remote sensing-GIS evaluation of urban expansion and its impact on surface temperature in Zhujiang Delta,China［J］. International Journal of Remote Sensing,2001,22（10）.

［39］ 白香花.北京城区下垫面类型及城区格局对热场分布影响研究［D］.

北京:北京师范大学,2003.

[40] Gallo K P,et al. The use of a vegetation index for assessment of the urban heat island effect [J]. International Journal of Remote Sensing,1993(14):2223-2230.

[41] 陈云浩,史培军,李晓兵.基于遥感和 GIS 的上海城市空间热环境研究[J].测绘学报,2002,31(2):139-144.

[42] Ryutaro Kubo,Ikuo Saito,Koji Sakai,et al. Climatology of the Summer and Winter in Kumamoto City and comparison of the measurement result by the fixed point observation and moving observation——A study on the heat-island phenomenon of a middle-scale city(part2)[J]. Enviro. Eng. ,2007(619):33-38.

[43] 章国材.美国 WRF 模式的进展和应用前景[J].气象,2004(12):27.

[44] Mellor GL,Yamada T. Development of a turbulence closure model for geophysical fluid problems [J]. Rev Geophys 1982,20(4):851-875.

[45] Monin A S,Obukhov A M. Basic laws of turbulent mixing in the surface layer of the atmosphere[J]. Tr Akad Nauk SSSR Geophiz 1954,24(151):163-187.

[46] Ek M B,Mitchell K E,Lin Y,et al. Implementation of Noah land surface model advances in the National Centers for Environmental Prediction operational mesoscale Eta model[J]. Geophys Res 2003;108(D22):8851.

[47] Thompson G,Rasmussen R M,Manning K. Explicit forecasts of winter precipitation using an improved bulk microphysics scheme. Part I:description and sensitivity analysis[J]. Mon Weather Rev,2004(132):519-542.

[48] Mlawer EJ, et al. Radiative transfer for inhomogeneous atmospheres:RRTM,a validated correlated-k model for the longwave[J]. Geophys Res 1997,102(D14):16663-16682.

［49］ Mielikainen J，Huang B，Huang H A，et al. GPU acceleration of the updated goddard shortwave radiation scheme in the weather research and forecasting （WRF） model［J］. Appl Earth Observe Remote Sens，2012（2）：555-562.

［50］ Chen F，Dudhia J. Coupling an advanced land surface-hydrology model with the Penn State-NCAR MM5 modeling system. Part I：model implementation and sensitivity［J］. Mon Weather Rev，2001（129）：569-585.

［51］ 李鹍.基于遥感与CFD仿真的城市热环境研究——以武汉市夏季为例［D］.湖北：华中科技大学，2008，04：97.

［52］ 李雪松.城市边缘区发展对城区热环境影响的研究——以武汉东南片区夏季为例［D］.湖北：华中科技大学，2016：38-41.

［53］ Kusaka H，Kondo H，Kikegawa Y，et al. A simple single-layer urban canopy model for atmospheric models：Comparison with multi-layer and slab models［J］. Boundary-Layer Meteorology，2001（101）：329-358.

［54］ Dudhia J. A nonhydrostatic version of the Penn State/NCAR mesoscale model：validation tests and simulation of an Atlantic cyclone and clod front［J］. Monthly Weather Review，1993（121）：1493-1513.

［55］ Keyser D，Anthes R A. The applicability of a mixed-layer model of the planetary boundary layer to real-data forecasting［J］. Monthly Weather Review，1977（105）：1351-1371.

［56］ Cleugh H A，Oke T R. Suburban-rural energy balance comparisons in Summer for Vancouver，B. C［J］. Boundary-Layer Meteoroiogy. 1986（36）：351-369.

［57］ 朱岳梅，等.城市冠层模型的扩展与验证［J］.建筑科学，2007，23（2）：84-87，103.

［58］ 周雪帆.基于WRF与城市冠层模型的中尺度气象模拟研究［D］.湖

北：华中科技大学，2013：37-40.

[59] 成丹.中国东部地区城市化对极端温度及区域气候变化的影响［D］.江苏：南京大学，2013：14-16.

[60] 王雷，李丛丛，应清，等.中国 1990—2010 年城市扩张卫星遥感制图［J］.科学通报，2012，57(16)：1388-1399.

[61] 上海等大城市开发强度已经远超发达国家［EB/OL］.http://tieba.baidu.com/p/1662329012，2012-06-14.

[62] 周淑贞，张超.城市气候学导论［M］.上海：华东师范大学出版社，1985：140-168.

[63] Oke T R. Boundary layer climate ［M］. London：Methuan & Co. LTD，1987：274.

[64] 姜世中.气象学与气候学［M］.北京：科学出版社，2010：20-23.

[65] 沈建柱.我国城市气候学研究进展［J］.地理学报，1986(3)：281-285.

[66] 李鹃，余庄.基于气候调节的城市通风道探析［J］.自然资源学报，2006，21(6)：991-997.

[67] 朱亚斓，余莉莉，丁绍刚.城市通风道在改善城市环境中的运用［J］.城市发展研究，2008，15(1)：46-49.

[68] 席宏正，焦胜，鲁利宇.夏热冬冷地区城市自然通风廊道营造模式研究［J］.华中建筑，2010(6)：106-107.

[69] 刘姝宇，沈济黄.基于局地环流的城市通风道规划方法——以德国斯图加特市为例［J］.浙江大学学报.2010(10)：1985-1991.

[70] 高绍凤，等.应用气候学［M］.北京：气象出版社，2001.